袁惠芬 顾春华 王竹君 著

实用图解 时尚女童装裁剪90例

化学工业出版社
·北京·

内容简介

本书精心挑选了90例经典、时尚女童装款式，每个款式均提供了款式说明、正背面款式图、面辅料介绍、规格尺寸表、裁剪图及部分工艺示意图等。

全书结构图清晰、规范，涵盖女童装的裙装（连衣裙、吊带裙、背带裙、短裙）、裤装、T恤、衬衫、外套、夹克、羽绒服、大衣、马甲、旗袍、肚兜等类别，加入大量女童装成品裁剪实例，方便读者阅读和参考。

本书是一本易学易懂的实用工具书，也是广大童装制作、设计人员的专业书籍，还可作为服装企业相关技术人员及服装院校师生工作和学习的参考书。

图书在版编目（CIP）数据

实用图解时尚女童装裁剪90例/袁惠芬，顾春华，王竹君著. —北京：化学工业出版社，2020.11（2025.5重印）

ISBN 978-7-122-37737-1

Ⅰ.①实… Ⅱ.①袁… ②顾…③王… Ⅲ.①女服-童服-服装量裁-图解 Ⅳ.①TS941.716-64

中国版本图书馆CIP数据核字（2020）第174353号

责任编辑：朱 彤　　装帧设计：刘丽华
责任校对：边 涛

出版发行：化学工业出版社（北京市东城区青年湖南街13号 邮政编码100011）
印 装：北京天宇星印刷厂
787mm×1092mm 1/16 印张8¼ 字数220千字 2025年5月北京第1版第2次印刷

购书咨询：010-64518888　　售后服务：010-64518899
网 址：http://www.cip.com.cn
凡购买本书，如有缺损质量问题，本社销售中心负责调换。

定 价：38.00元

前言

随着我国服装产业的发展，童装行业日趋成熟，款式繁多的童装产品促进了童装市场的进一步繁荣。因此，为广大童装从业人员提供尽可能多的参考资料，提高相关人士设计和裁剪水平是保证童装品质的重要环节。本书通过对女童装裁剪范例的收集与梳理，使读者对各年龄段的女童装裁剪有综合和全面了解，便于理解和运用书中的知识，进行相关的设计工作。

本书是在参考了近百件女童装样衣的基础上编制而成的，款式实用，制图方法简便。全书共分为六章：第一章为服装制图基础知识，使读者初步了解服装裁剪制图的基础常识，以及女童装的量体和尺寸数据；第二章为裙装结构制图，主要有连衣裙、吊带裙、背带裙、短裙等；第三章为裤装结构制图，主要为各类短裤、中裤、长裤、连体裤等；第四章为T恤及衬衫结构制图；第五章为外套结构制图，包括外套、夹克、羽绒服、大衣等；第六章为其他款式结构制图，包括马甲、旗袍、肚兜裤等。全书每个款式范例都提供了款式说明、正背面款式图、面辅料介绍、规格尺寸表、裁剪图及部分工艺示意图。

本书适合服装专业学生、服装企业技术人员及业余爱好者学习和使用，书中所有制图均采用Coreldraw软件按比例绘制，内容详实，全面介绍了女童装常见款式的裁剪制图原理及方法。本书图、表所采用的单位均为厘米，为简洁起见，书中仅标注数字，未标注单位。

本书由袁惠芬、顾春华、王竹君（东华大学博士生）所著，袁惠芬负责全书的组织与统稿，袁惠芬、顾春华、王竹君共同完成所有制图绘制及文字编写工作，感谢研究生汪东升同学协助完成部分内容的整理工作，感谢李佳倩、余磊、李窈淑等同学协助完成部分基础制图绘制。

由于时间和水平有限，书中难免有疏漏和不足，恳请读者指正。

著者

2021年1月

目录

第一章 服装制图基础知识

第二章 裙装结构制图

第三章 裤装结构制图

第四章 T 恤及衬衫结构制图

第五章　外套结构制图

第六章　其他款式结构制图

参考文献

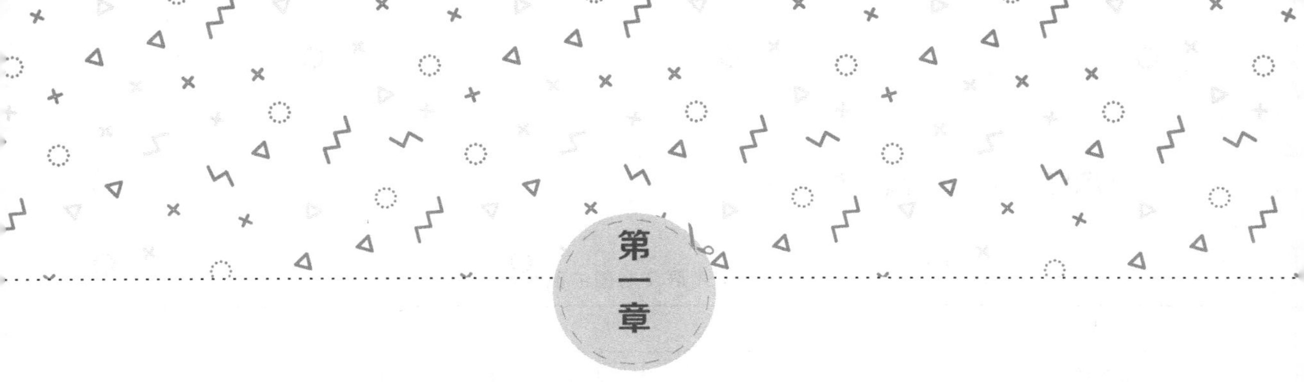

第一章

服装制图基础知识

一、服装制图及裁剪工具

① 直尺。绘制直线时使用，可根据需要选择长度，专业人员大多选择放码专用直尺，方便绘制工业样板。

② 三角尺。用于绘制垂直的部位或校正制图，既可以用普通的绘图三角尺，也可以用专业制板三角尺。

③ 曲线板。用于服装制图中不同曲度的线条绘制，制板专用曲线板有多种型号。一般建议准备两种：一种用于绘制长度较长的曲线，如裤侧缝、袖侧缝等部位；另一种用于绘制长度较短、弯曲较大的曲线，如领口、裆弯等部位。

④ 卷尺。也称为软尺，用于人体测量或测量样板曲线长度。

⑤ 画粉。用于布料上绘制服装制图。建议选用较薄、划线清晰、结实耐用的品种。

⑥ 铅笔。用于纸上制图，一般基础线选用HB型或H型铅笔，笔芯细度0.2～0.3cm；轮廓线选用B型或HB型铅笔，笔芯细度0.5cm左右。

⑦ 褪色笔。用于布料上临时划线或标记用，一段时间后标记自动消失。

⑧ 裁剪剪刀。用于裁剪布料或纸样，根据使用者手掌大小选择合适型号。由于布料和纸样对刀口损伤不同，建议准备两把，将剪布和剪纸分开使用。

⑨ 锥子。用于纸样或布料中间定位点标记，如省尖、袋位等。

⑩ 纱剪。多用于剪线头。

⑪ 镊子。用于缝纫时整理衣片细小的部位或夹除线头。

⑫ 拆线器。用于已缝纫部位的拆解。

⑬ 顶针。用于手针缝制时，推针穿过布料。

二、常用服装制图的图线与符号

表1-1 常用服装制图的图线与符号

名称	图线	说明
粗实线		表示衣片结构的轮廓线，或制成线
粗虚线		表示衣片对折连裁的线
细实线		表示制图的基础线、尺寸线
点画线		表示衣身下层部件的结构线，如贴边、过面或袋布
布纹方向线		表示布料经纱的丝缕方向
顺向线		表示有倒顺差异的面料毛绒或花型的顺向方向
等分符号		表示线段被等分成若干个同等尺寸
直角符号		表示该端角必须为直角
缩缝符号		表示该部位缩缝为碎褶
合并符号		表示纸样的两个部位需合并，形成一个完整衣片
等长符号		表示标记部位的长度相同
褶裥符号		表示褶裥的方向由斜线高的方向向斜线低的方向折叠
省位符号		表示该部位省的形状及位置

续表

名称	图线	说明
同寸符号	■ □ ● ○ ▲ △	用符号表示该部位量取后的尺寸
纽扣符号	○ ＋	表示衣服纽扣及扣眼的位置

三、常用服装制图部位代号

表 1-2 常用服装制图部位代号

字母代号	部位	英文名称
B	胸围	Bust
W	腰围	Waist
H	臀围	Hip
N	领围	Neck
BL	胸围线	Bust Line
WL	腰围线	Waist Line
HL	臀围线	Hip Line
EL	肘线	Elbow Line
KL	中裆线或膝盖线	Knee Line
AH	袖窿	Arm Hole
BP	胸高点	Bust Point
SP	肩点	Shoulder Point
S	肩宽	Shoulder
SNP	领肩点	Side Neck Point
FNP	前领点	Front Neck Point
BNP	后领点	Back Neck Point
HS	头围	Head Size

四、人体常用部位测量

① 胸围。软尺围绕胸部水平一周的长度，软尺不松不紧，以不滑落为准。
② 腰围。软尺围绕腰部最细处水平一周的长度，软尺不松不紧。
③ 臀围。软尺围绕臀部最丰满处水平一周的长度，软尺不松不紧。
④ 背长。从第七颈椎处顺背形至腰围线处的长度。
⑤ 肩宽。左右两个肩点的宽度，顺肩形测量。
⑥ 袖长。从肩点顺手臂至袖口位置的长度。
⑦ 裤长。从腰围线至裤口的长度。
⑧ 领围。软尺围量颈根部一周的长度，放 1～2 个手指松量。
⑨ 立档。被测量者取坐姿，软尺测量从腰围线至椅面的长度。

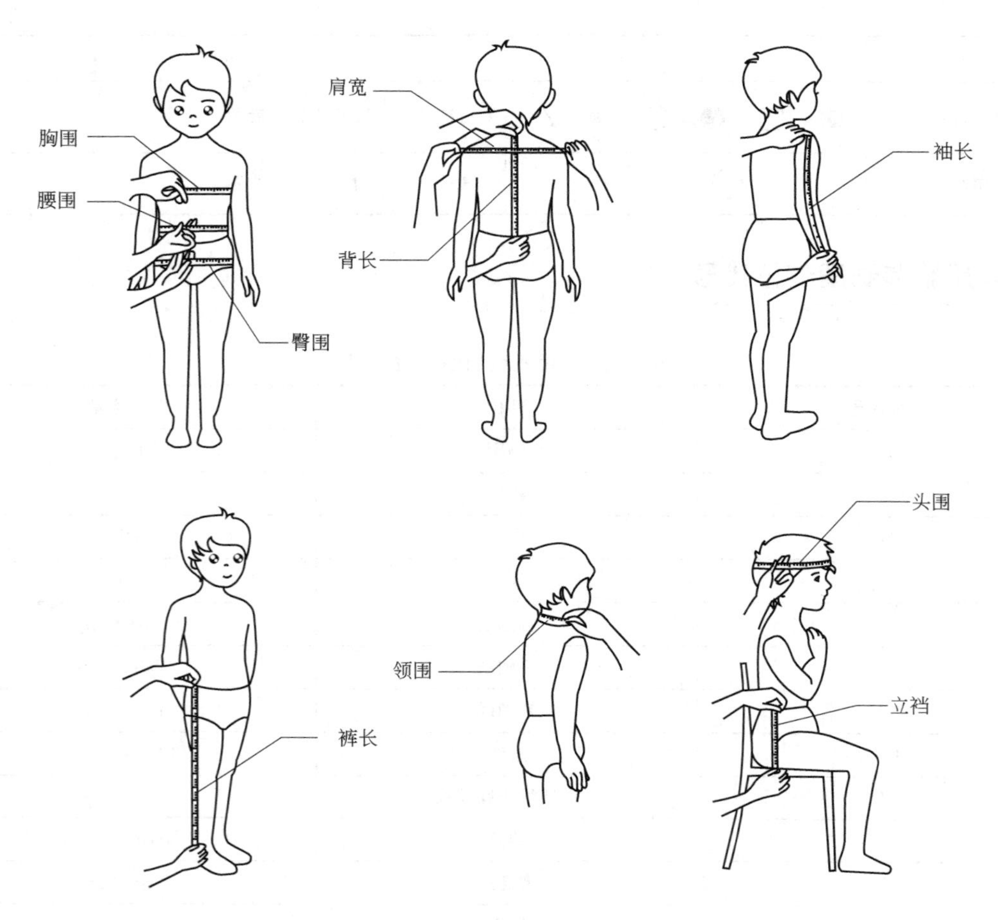

图 1-1 儿童量体示意图

⑩ 头围。软尺经额头、后枕骨围量头部一周，软尺不松不紧。

五、规格尺寸

我国儿童服装号型主要是依据 GB/T 1335。该标准规定了婴幼儿和儿童服装的号型定义、号型标志、号型系列。

（一）号型定义

① 号。指人体的身高，以厘米（cm）为单位，是设计和选购服装长短的依据。

② 型。指人体的胸围或腰围，以厘米（cm）为单位，是设计和选购服装肥瘦的依据。

（二）号型标志

① 上、下装分别标明号型。

② 号型表示方法。号和型之间用斜线分开。例如，上装 150/68，其中 150 代表号，表示身高为 150；68 代表型，表示胸围为 68。下装 150/60，其中 150 代表号，表示身高为 150；60 代表型，表示腰围为 60。

（三）号型系列

① 身高 52～80cm 婴儿，身高以 7cm 分档，胸围以 4cm 分档，腰围以 3cm 分档，分别组成 7・4 和 7・3 系列。

② 身高 80～130cm 儿童，身高以 10cm 分档，胸围以 4cm 分档，腰围以 3cm 分档，分别组成 10・4 和 10・3 系列。

③ 身高 135～155cm 女童和 135～160cm 男童，身高以 5cm 分档，胸围以 4cm 分档，腰围以 3cm 分档，分别组成 5・4 和 5・3 系列。

表 1-3　身高 52～80cm 婴儿上装号型系列表

号	型		
52	40		
59	40	44	
66	40	44	48
73		44	48
80			48

表 1-4　身高 52～80cm 婴儿下装号型系列表

号	型		
52	41		
59	41	44	
66	41	44	47
73		44	47
80			47

表 1-5　身高 80～130cm 儿童上装号型系列表

号	型				
80	48				
90	48	52	56		
100	48	52	56		
110		52	56		
120		52	56	60	
130			56	60	64

表 1-6　身高 80～130cm 儿童下装号型系列表

号	型				
80	47				
90	47	50	53		
100	47	50	53		
110		50	53		
120		50	53	56	
130			53	56	59

表 1-7 身高 135～155cm 女童上装号型系列表

号	型					
135	56	60	64			
140		60	64			
145			64	68		
150			64	68	72	
155				68	72	76

表 1-8 身高 135～155cm 女童下装号型系列表

号	型					
135	49	52	55			
140		52	55			
145			55	58		
150			55	58	61	
155				58	61	64

第二章

裙装结构制图

1. 蕾丝长袖连衣裙

（1）款式说明

该款连衣裙上身为全棉针织面料，舒适透气。前身装饰蕾丝，肩头夹缝纱质荷叶边，裙子为三层网眼纱，轻盈活泼 。

正面款式　　背面款式

图 2-1　蕾丝长袖连衣裙款式图

（2）面料、衬料

面料：电脑刺绣蕾丝花边布、细网眼纱、全棉针织布。

衬料：细平布、硬质网眼纱。

（3）成衣规格

表 2-1　蕾丝长袖连衣裙成衣规格

规格＼部位	胸围	腰围	肩宽	袖长	袖口	袖肥	年龄
100/52	56	50	22	32	16	20	3～4 岁

（4）结构制图

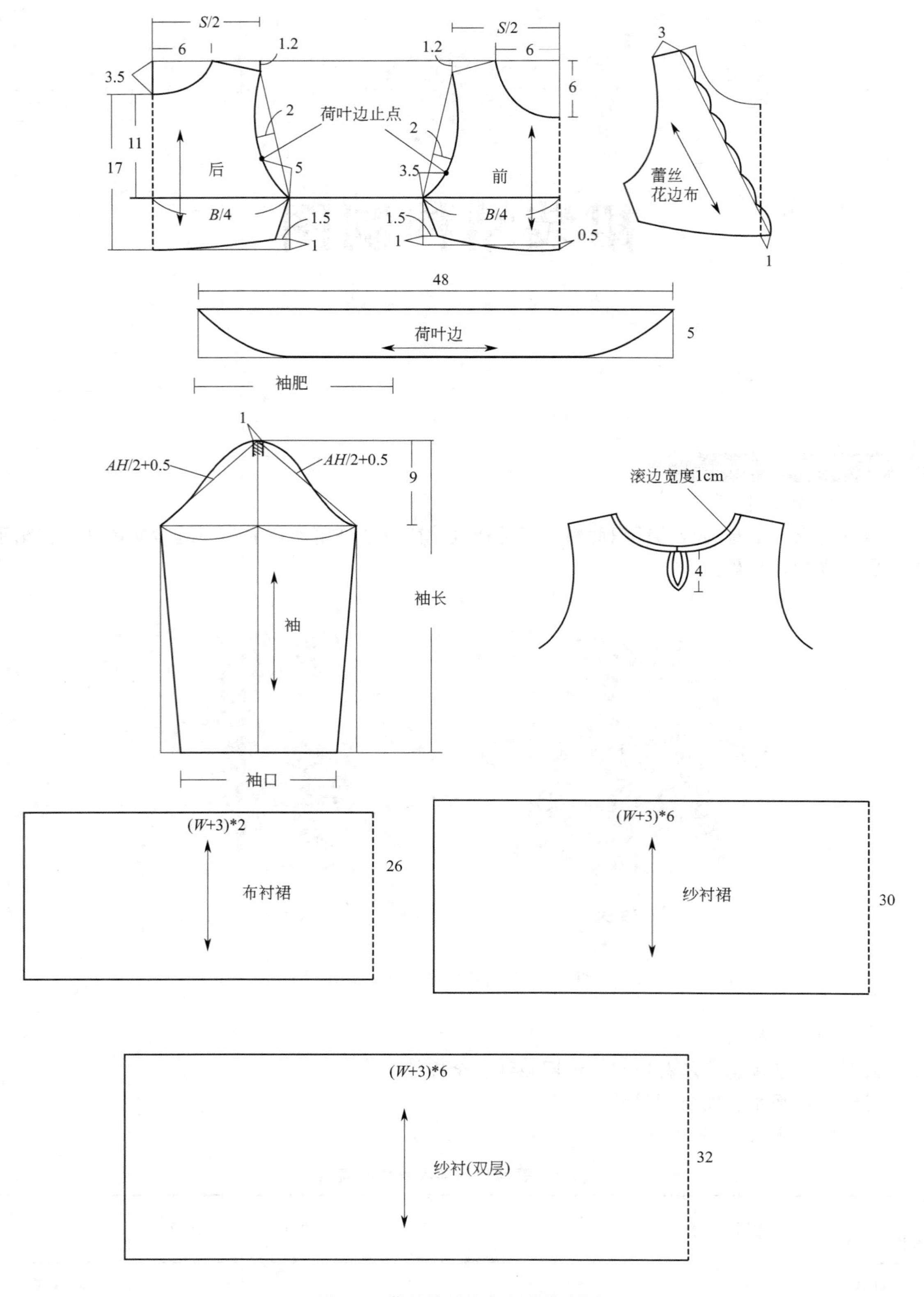

图 2-2 蕾丝长袖连衣裙结构制图

2. 婴儿无袖连衣裙

（1）款式说明

婴儿头大，腹部凸出，因此夏季的裙装适合采用无领、无袖设计。为便于穿脱，领口在肩部开口，暗扣固定。

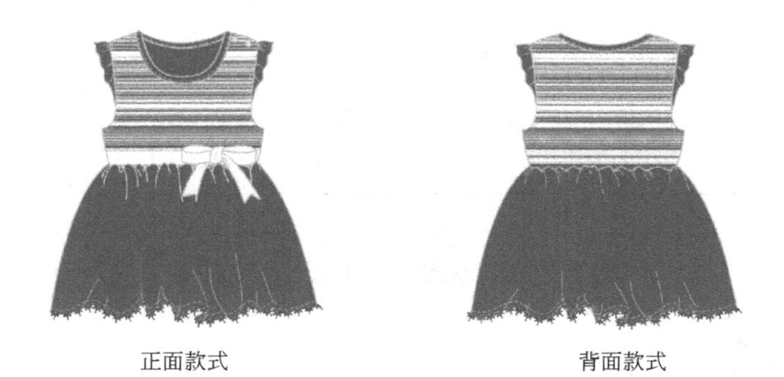

图 2-3 婴儿无袖连衣裙款式图

（2）面料、辅料

面料：纯色针织汗布，条纹针织汗布。

辅料：柔软舒适的宽缎带，小花边。

（3）成衣规格

表 2-2 婴儿无袖连衣裙成衣规格

部位 规格	胸围	肩宽	裙长	摆围	年龄
90/52	56	23	38	80	9～12 个月

（4）结构制图

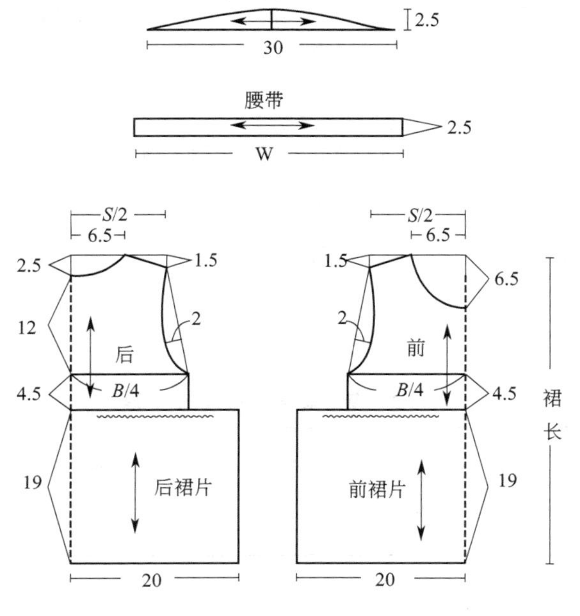

图 2-4 婴儿无袖连衣裙衣身结构制图

（5）细节结构制图

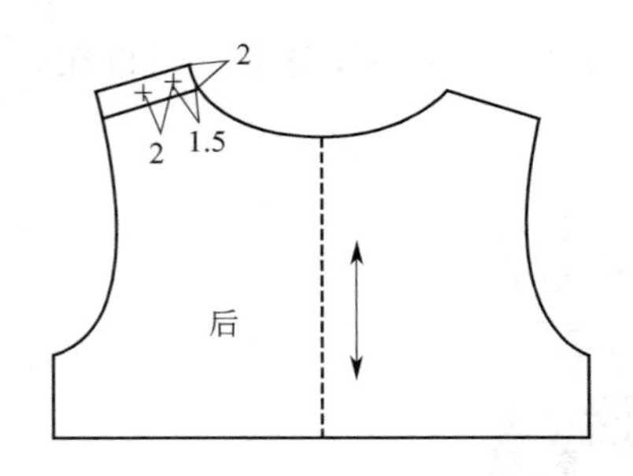

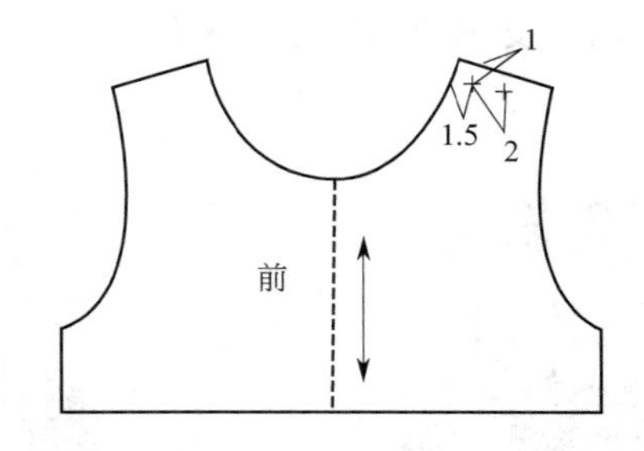

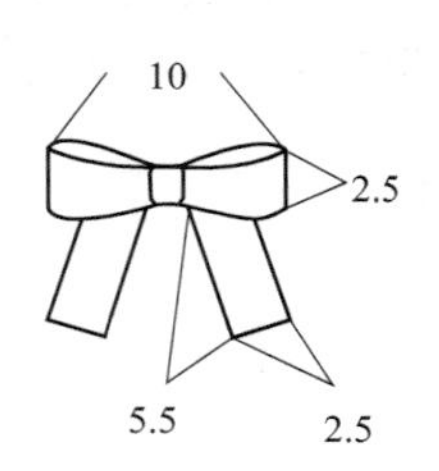

图 2-5　婴儿无袖连衣裙细节结构制图

3. 荷叶领连衣裙

（1）款式说明

该款为荷叶领大摆裙，高腰节设计，侧缝装隐形拉链，领口及袖口采用滚条工艺。

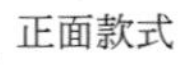

背面款式

图 2-6　荷叶领连衣裙款式图

（2）面料、辅料

面料：纯棉印花府绸。

辅料：隐形拉链、欧根纱蝴蝶结。

（3）成衣规格

表 2-3　荷叶领连衣裙成衣规格

部位 规格	胸围	肩宽	腰围	摆围	前衣长	裙长	年龄
90/52	62	21	56	120	20	20	9～18 个月

（4）结构制图

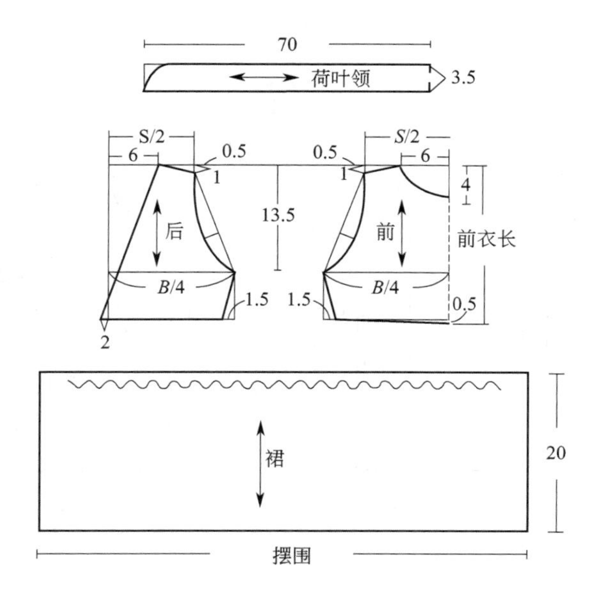

图 2-7　荷叶领连衣裙结构制图

4. 小童蕾丝连衣裙

(1) 款式说明

本款连衣裙采用衣身与下摆分开的样式，裙身采用内外两层边设计，后衣身开口处使用拉链设计。

正面款式　　背面款式

图 2-8　小童蕾丝连衣裙款式图

(2) 面料、辅料

面料：蕾丝，雪纺，网纱。

辅料：隐形拉链。

(3) 成衣规格

表 2-4　小童蕾丝连衣裙成衣规格

部位 规格	后衣长	胸围 B	外层(内层)裙摆围	适合年龄
110/56	19	62	260(176)	4～5 岁

（4）结构制图

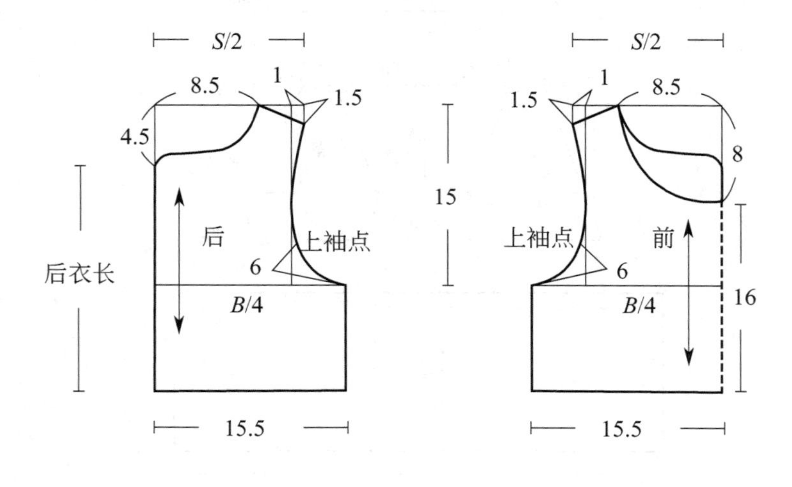

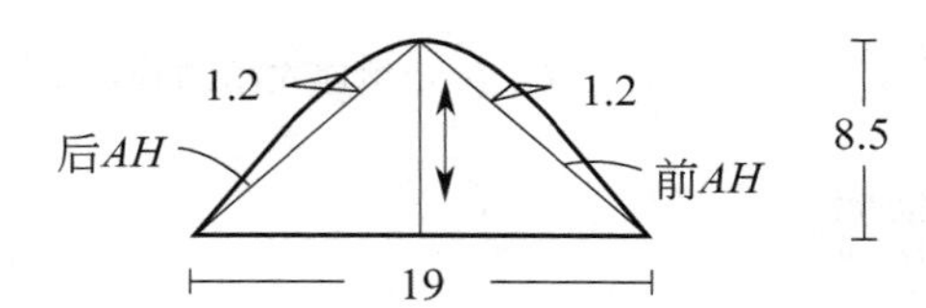

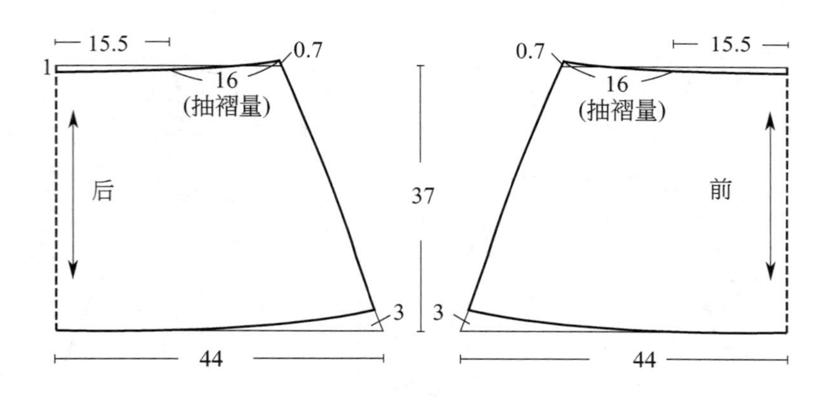

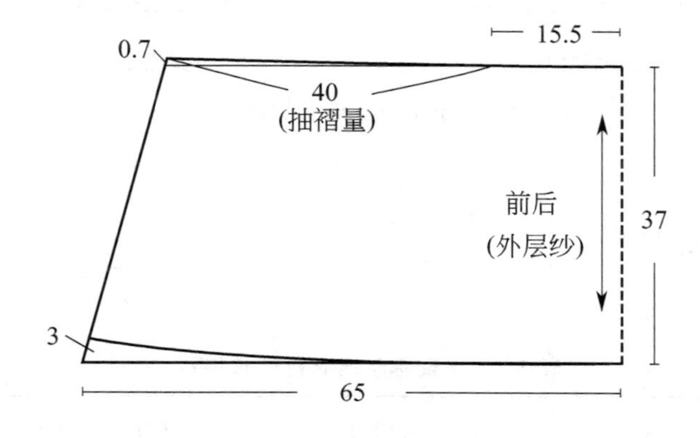

图 2-9 小童蕾丝连衣裙结构制图

5. 中童短袖连衣裙

（1）款式说明

本款连衣裙采用衣身与下摆分开的样式，采用全棉针织面料，穿着舒适。

图 2-10　中童短袖连衣裙款式图

（2）面料

面料：全棉针织面料。

（3）成衣规格

表 2-5　中童短袖连衣裙成衣规格

部位 规格	后衣长	胸围	裙摆围	适合年龄
140/68	35	72	154	10 岁

（4）结构制图

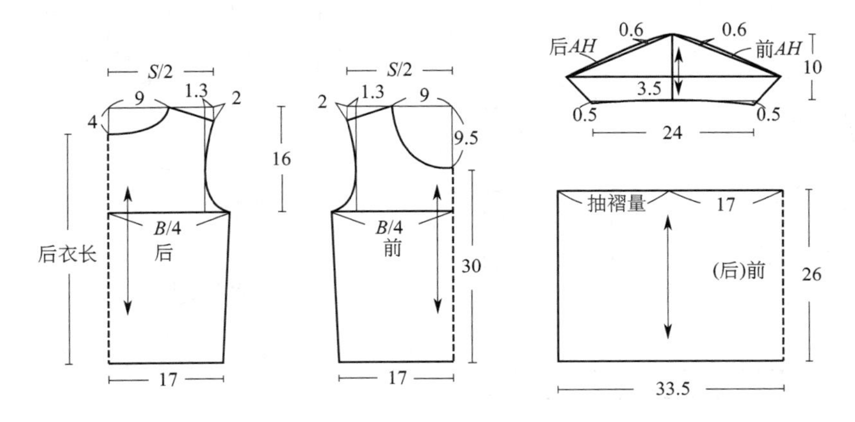

图 2-11　中童短袖连衣裙结构制图

6. 中童连衣裙

(1) 款式说明

连衣裙是女童休闲服饰的主要款式之一。本款连衣裙，适合身高 125～135cm 的女童春秋季穿着。

图 2-12　中童连衣裙款式图

(2) 面料、辅料

面料：100%棉。

辅料：无。

(3) 成衣规格

表 2-6　中童连衣裙成衣规格

规格＼部位	上身长	裙长	胸围	腰围	袖长	袖口	适合年龄
120/56	26.5	48	66	64	37	17	7～9 岁

(4) 结构制图

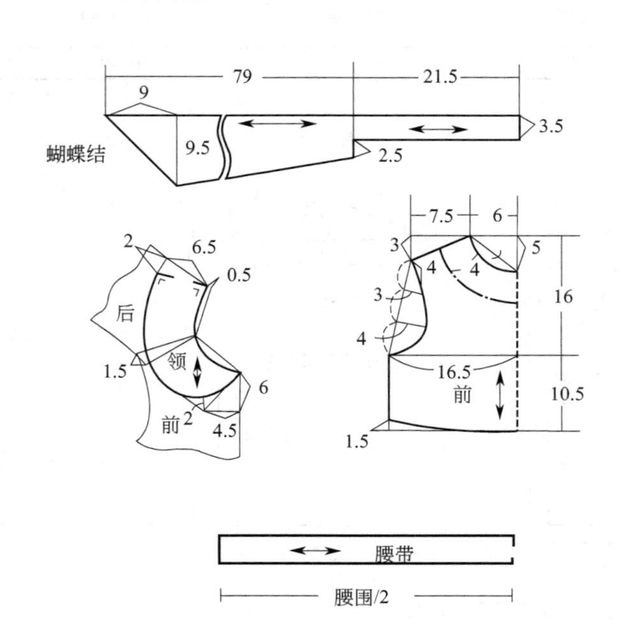

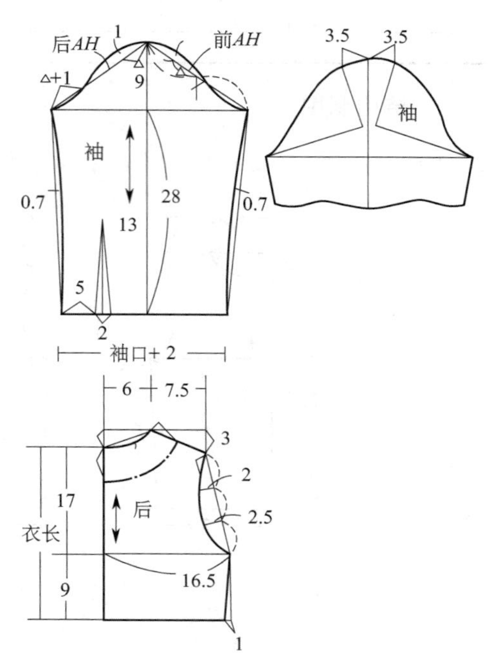

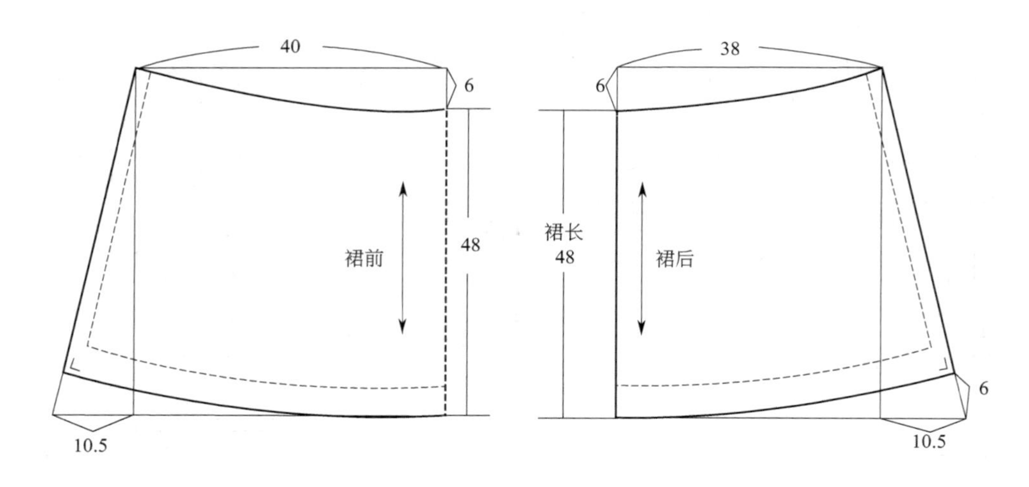

图 2-13 中童连衣裙结构制图

7. 幼童泡泡袖连衣裙

（1）款式说明

连衣裙是女童休闲服饰的主要款式之一。本款连衣裙，适合身高 60～70cm 的女童夏季穿着，A 字形，圆领结构，一片袖，前片重叠。

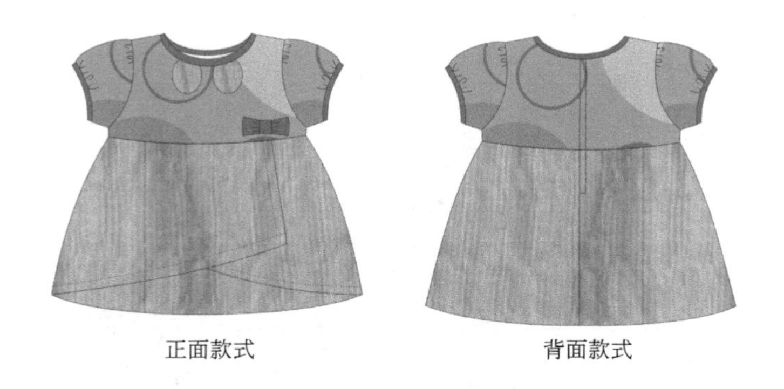

图 2-14 幼童泡泡袖连衣裙款式图

（2）面料、辅料

面料：100%棉。

辅料：无。

（3）成衣规格

表 2-7 幼童泡泡袖连衣裙成衣规格

部位 规格	裙长	胸围	腰围	肩宽	适合年龄
80/40	37	60	60	22	1～3 岁

（4）结构制图

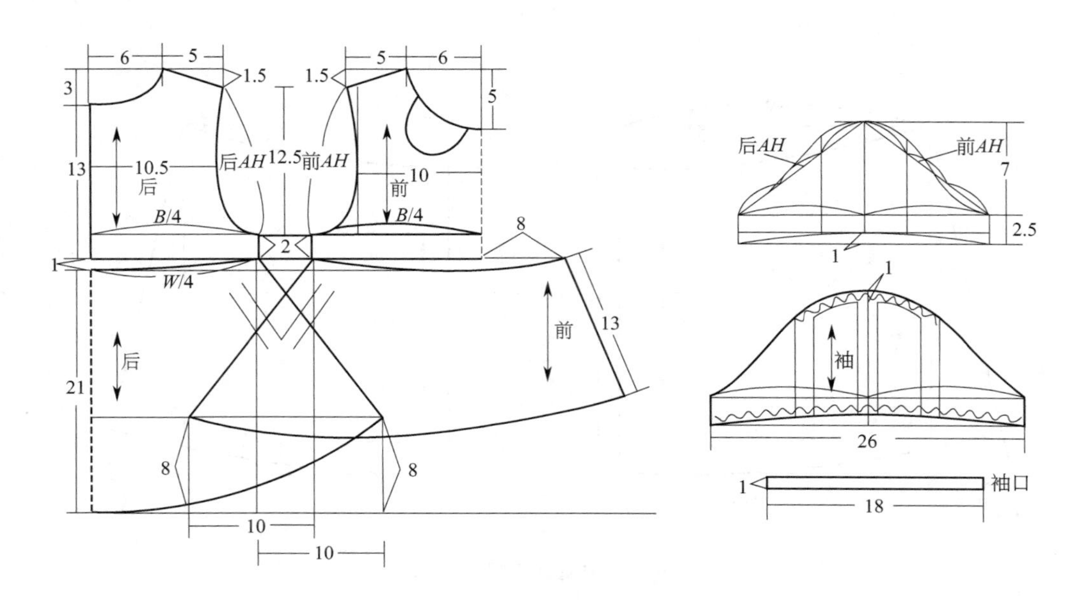

图 2-15　幼童泡泡袖连衣裙结构制图

8. 小童牛仔背带裙

（1）款式说明

本款背带裙适合春夏季穿着，采用较为柔软的牛仔面料，背带长度可二次调节。裙摆不折缝，留出自然脱散的纱线，形成流苏。

图 2-16　小童牛仔背带裙款式图

（2）面料、里料、辅料

面料：牛仔布。

里料：花棉布。

辅料：铜扣、铆钉。

（3）成衣规格

表 2-8　小童牛仔背带裙成衣规格

部位 规格	腰围	摆围	裙长	年龄
73/44	48	68	21	1岁

（4）结构制图

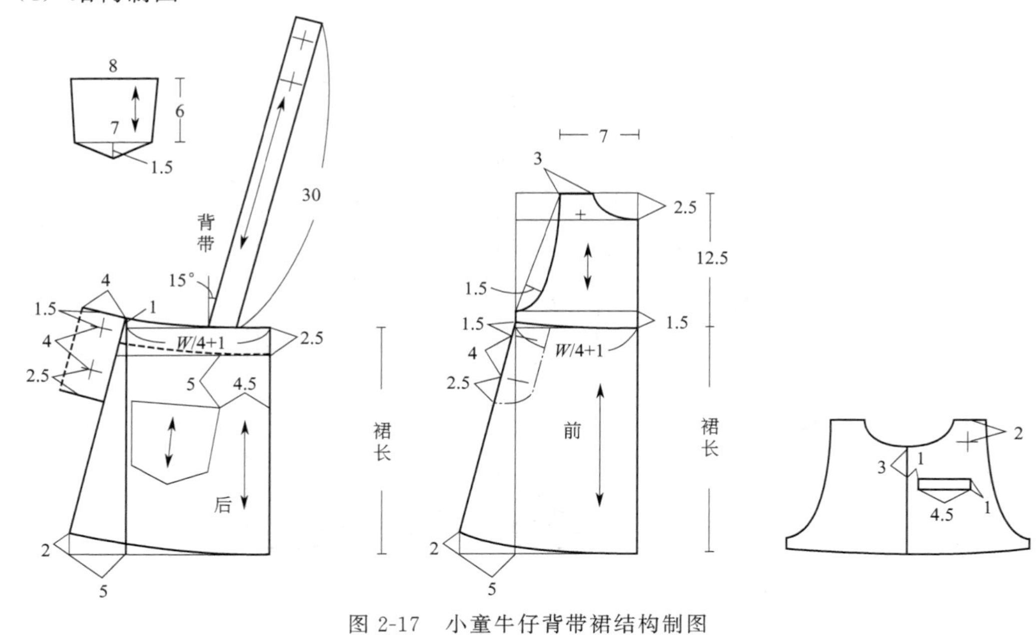

图 2-17　小童牛仔背带裙结构制图

9. 千鸟格背心裙

（1）款式说明

本款背心裙适合秋季穿着，衬里为保暖性较好的绗缝棉，面料采用格子呢和网眼纱的搭配，时尚感较强。

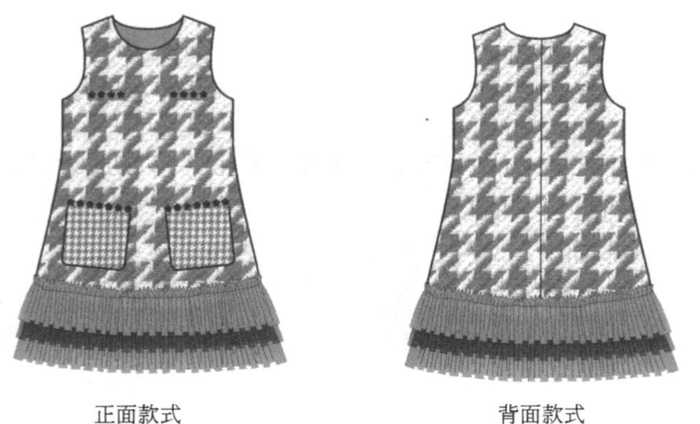

图 2-18　千鸟格背心裙款式图

（2）面料、里料、辅料

面料：格子呢、网眼纱。

里料：绗缝棉。

辅料：花边、拉链。

（3）成衣规格

表 2-9　千鸟格背心裙成衣规格

部位 规格	胸围	摆围	肩宽	裙长	背长	口袋宽	年龄
100/52	68	86	27	51	24	10	4～5 岁

（4）结构制图

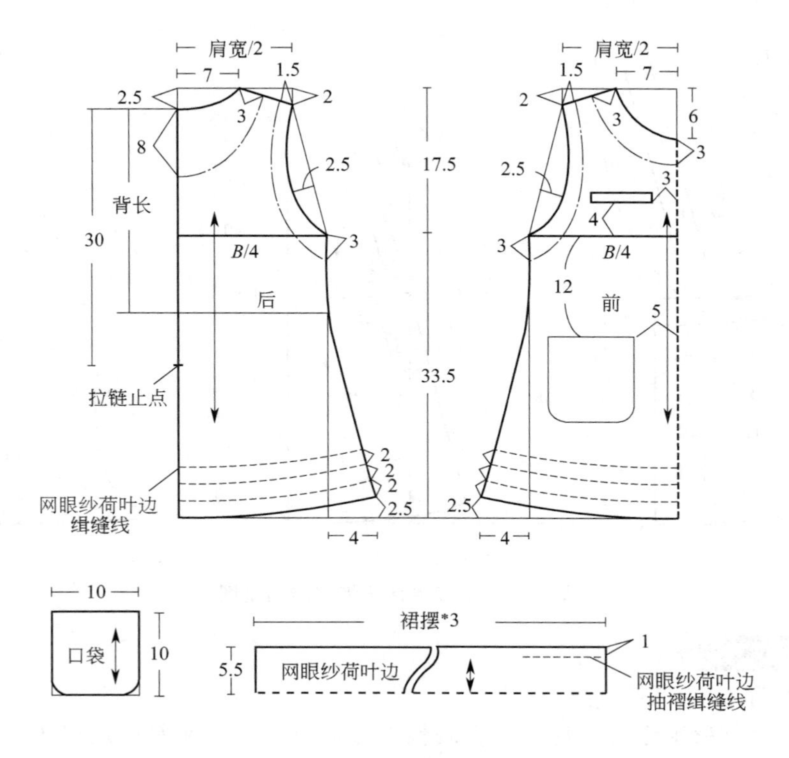

图 2-19　千鸟格背心裙结构制图

10. 吊带裙

（1）款式说明

本款吊带裙采用衣身与下摆分开的样式，裙摆处采用两层花边设计，后衣身开口处使用纽扣设计。

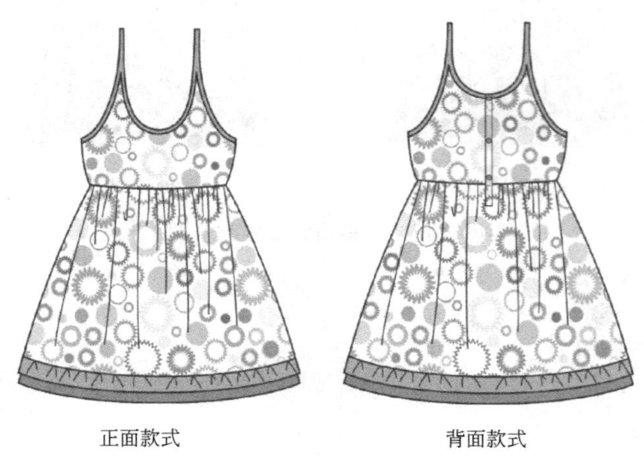

图 2-20　吊带裙款式图

（2）面料、辅料

面料：100％棉。

辅料：塑料纽扣。

（3）成衣规格

表 2-10 吊带裙成衣规格

部位 规格	后衣长	裙长	胸围	裙摆围	适合年龄
110/56	10	26	64	116	4～5 岁

（4）结构制图

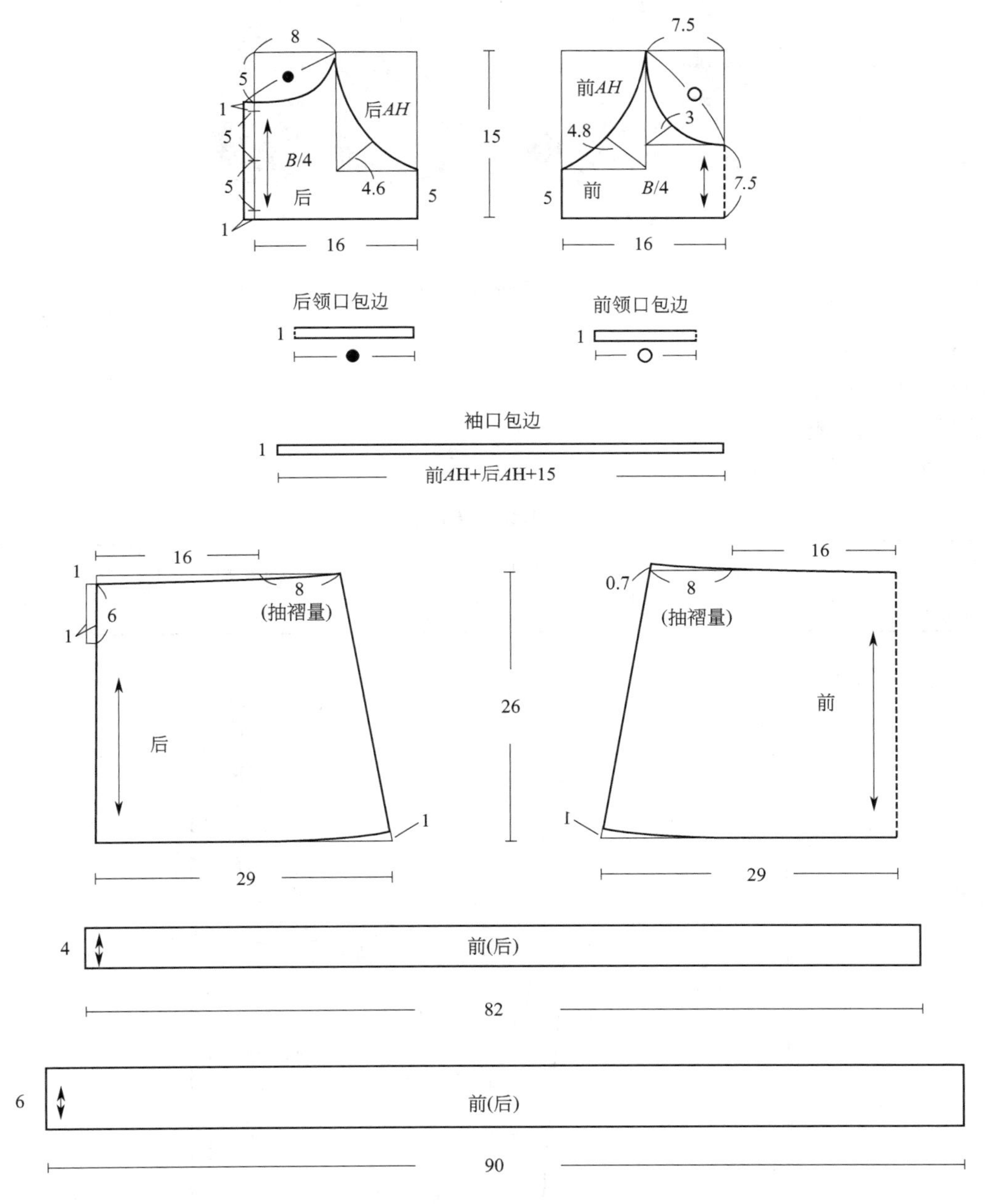

图 2-21 吊带裙结构制图

11. 小童吊带裙

(1) 款式说明

本款吊带裙采用衣身与下摆分开的样式，裙身采用内外两层边设计，后衣身开口处使用拉链设计。

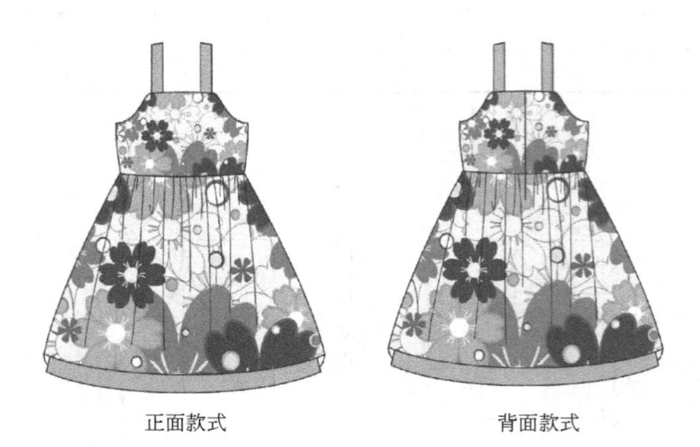

图 2-22 小童吊带裙款式图

(2) 面料、辅料

面料：100％棉。

辅料：塑料拉链。

(3) 成衣规格

表 2-11 小童吊带裙成衣规格

部位 规格	后衣长	胸围	外层(内层)裙摆围	适合年龄
110/56	16	60	136(128)	4～5 岁

(4) 结构制图

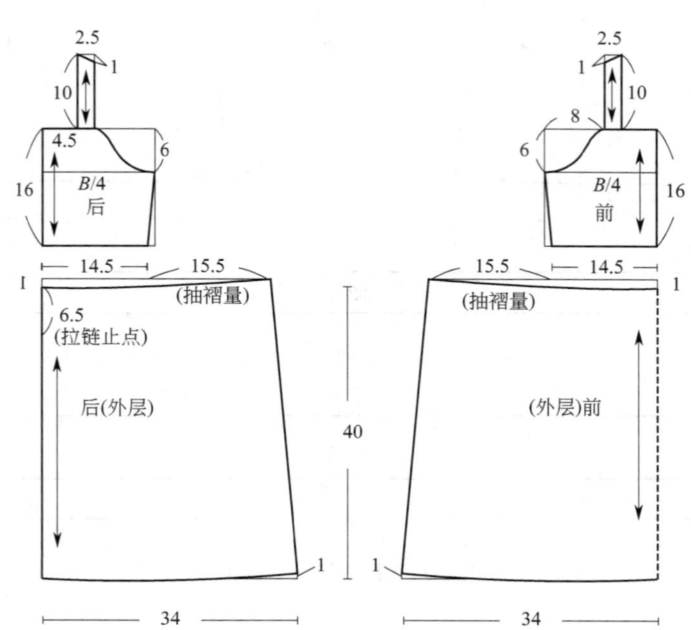

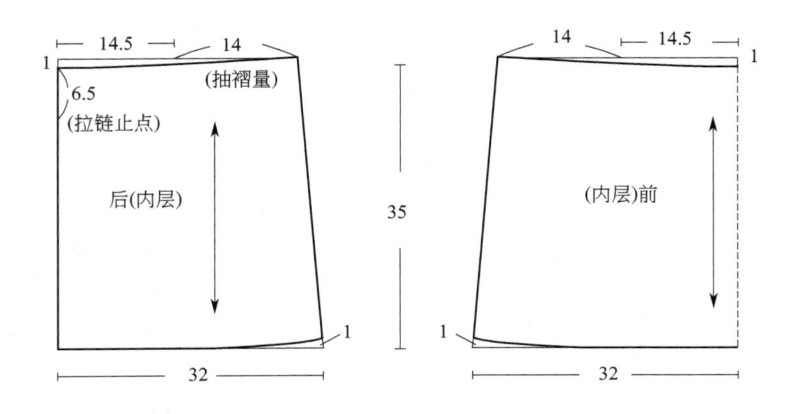

图 2-23　小童吊带裙结构制图

12. 中童背带裙

（1）款式说明

背带裙是女童休闲服饰的主要款式之一。本款背带裙适合身高 125～135cm 的女童夏季穿着，A 字形。

图 2-24　中童背带裙款式图

（2）面料、辅料

面料：100%棉。

辅料：纽扣。

（3）成衣规格

表 2-12　中童背带裙成衣规格

部位 规格	裙长	胸围	腰围	小肩宽	适合年龄
120/56	56.5	80	78	3.5	6～7 岁

（4）结构制图

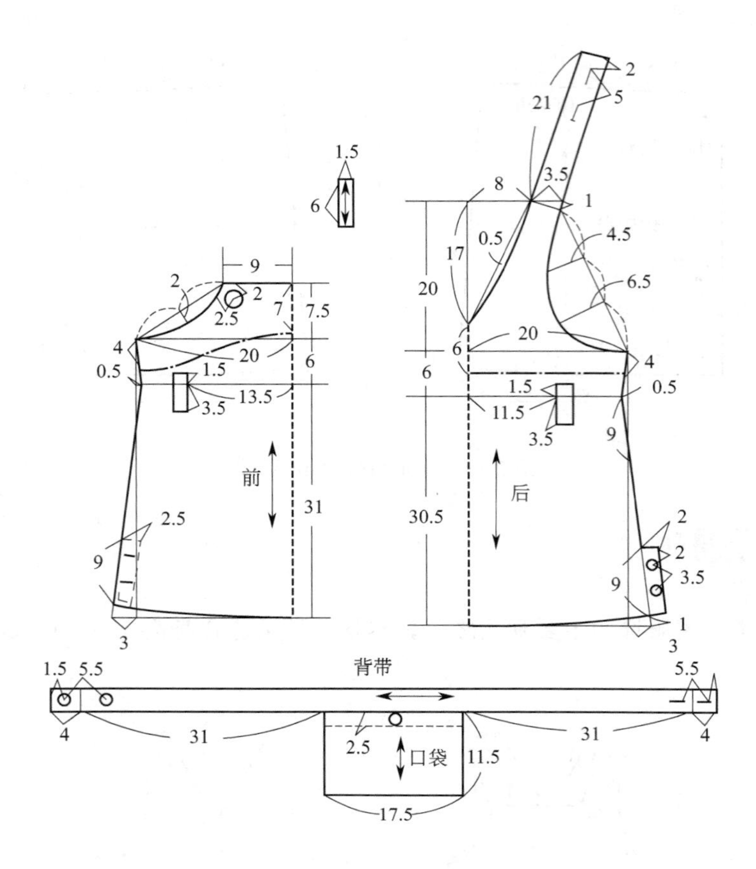

图 2-25　中童背带裙结构制图

13. 女童背带裙

（1）款式说明

女童背带裙是最常见的款式之一。本款背带裙，适合年龄 7～8 岁、身高 120cm 左右的女童穿着。该背带裙采用的是牛仔面料，前片无口袋，前片门襟为假门襟。后片有爱心形口袋（假口袋），腰头绱扣子。

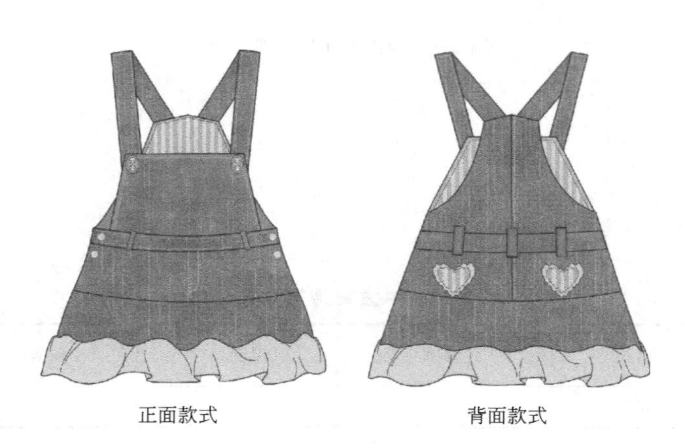

图 2-26　女童背带裙款式图

（2）面料、辅料

面料：牛仔面料、薄棉布。

辅料：纽扣

（3）成衣规格

表 2-13　女童背带裙成品规格

部位 规格	裙长	腰围	摆围	适合年龄
120/56	27	54	68	6～7 岁

（4）结构制图

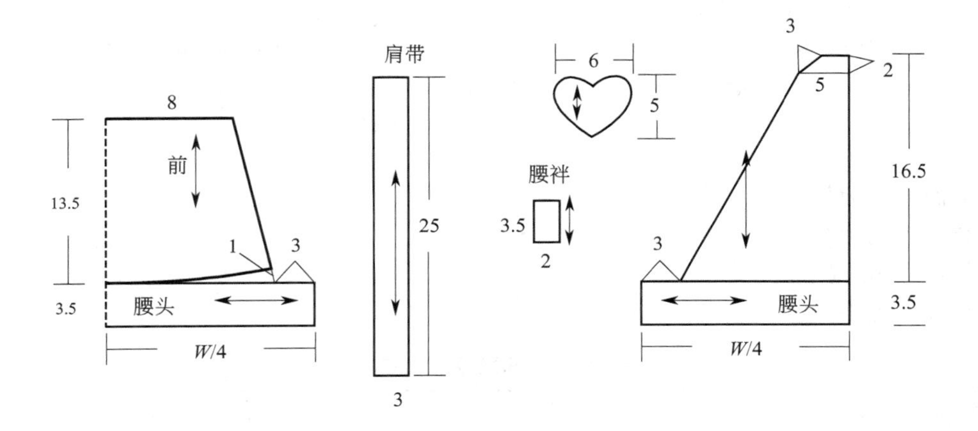

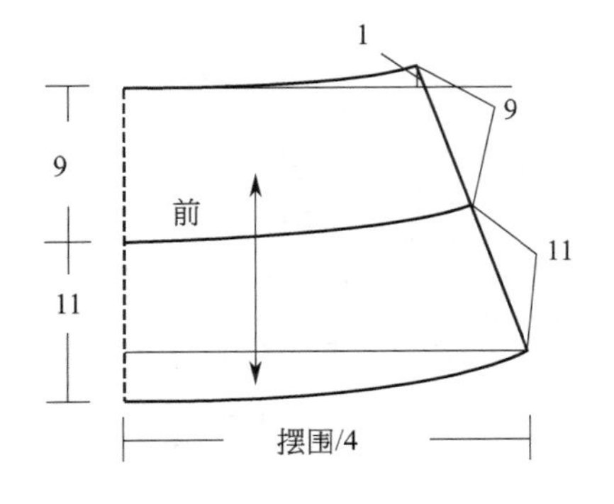

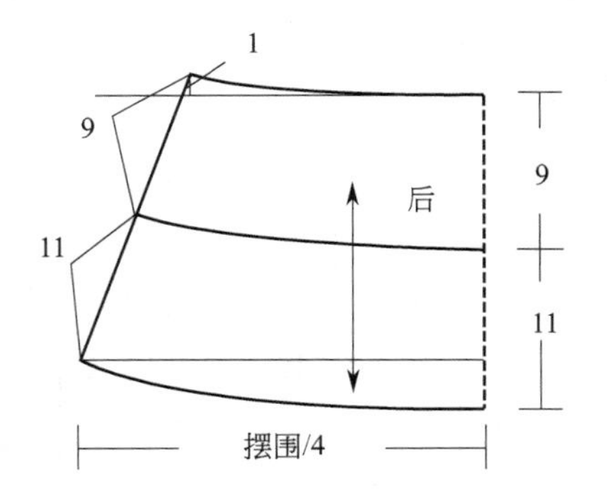

摆围×2

8

荷叶边

图 2-27　女童背带裙结构制图

14. 婴儿菠萝裙

（1）款式说明

婴儿体形小，腹部大。本款裙子整体宽松，下摆抽褶，形似菠萝，适合婴儿的体形，充满童趣。

正面款式

背面款式

图 2-28　婴儿菠萝裙款式图

（2）面料、辅料

面料：纯色针织汗布，圆点针织汗布。

辅料：4mm 宽下摆松紧带。

（3）成衣规格

表 2-14　婴儿菠萝裙成衣规格

部位 规格	前长	肩宽	胸围	摆围放松/拉伸
90/48	36	19	56	52/96

（4）结构制图

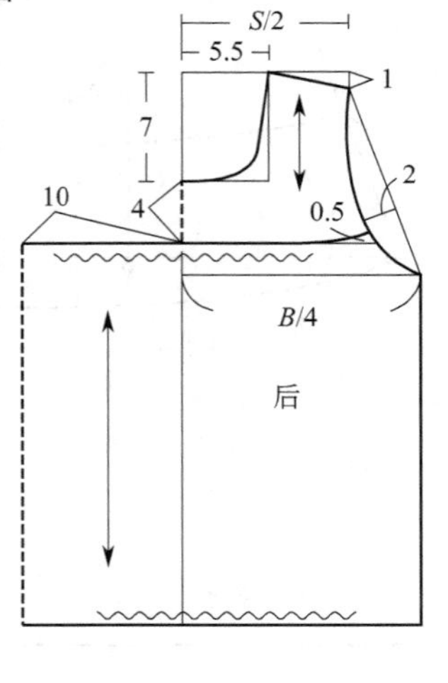

衣长

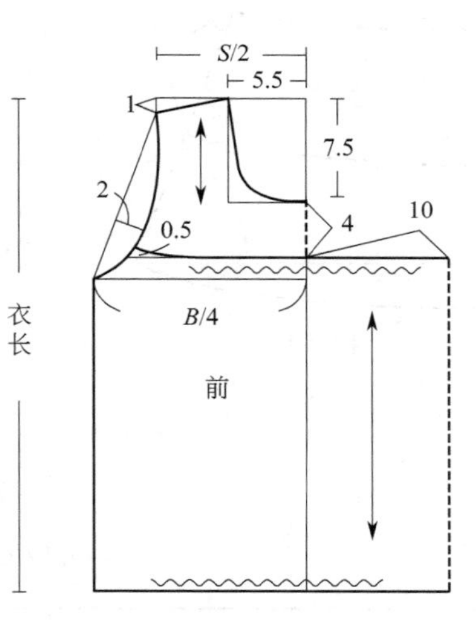

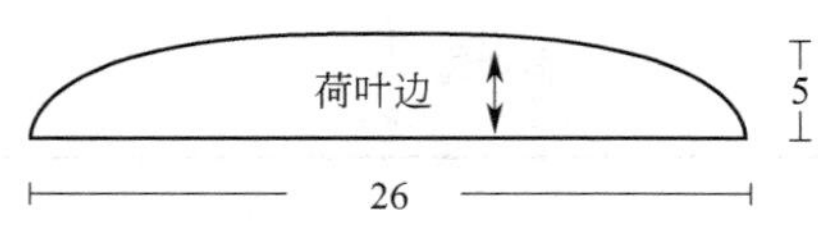

图 2-29　婴儿菠萝裙结构制图

15. 婴儿公主裙

（1）款式说明

该款为无袖背心裙，高腰节设计，腰部装饰蝴蝶结。

正面款式

背面款式

图 2-30 婴儿公主裙款式图

（2）面料、里料、辅料

面料：电脑刺绣蕾丝面料。

里料：细平布。

辅料：20cm 拉链、蝴蝶结。

（3）成衣规格

表 2-15 婴儿公主裙成衣规格

规格 \ 部位	胸围	腰围	肩宽	裙摆
100/48	52	52	17	100

（4）结构制图

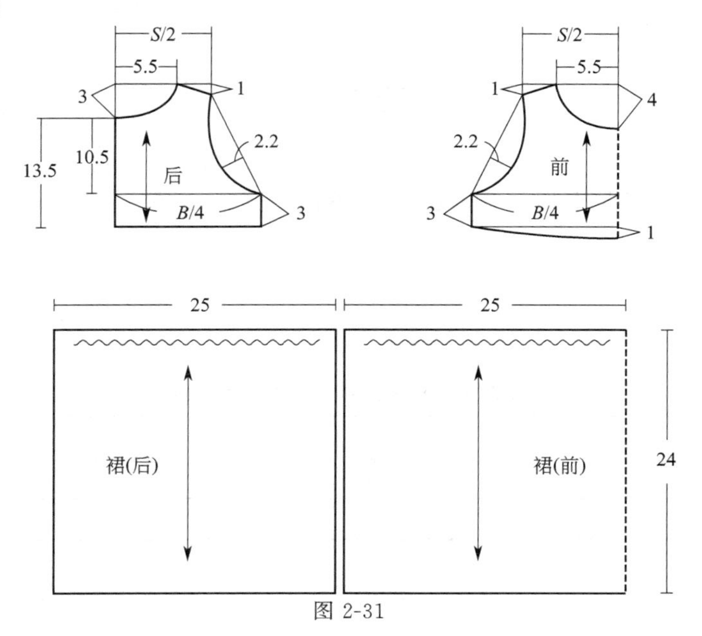

图 2-31

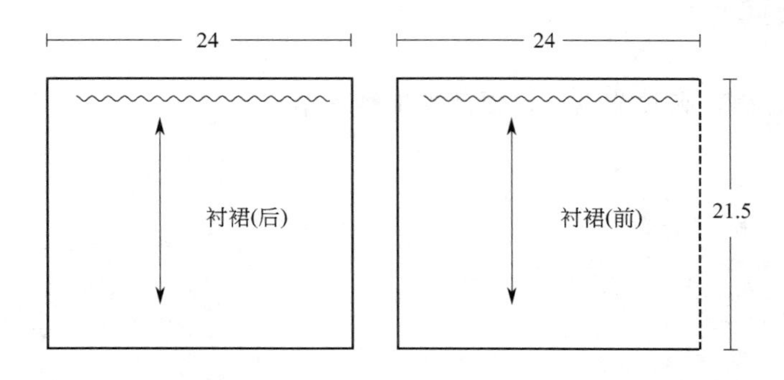

图 2-31 婴儿公主裙结构制图

16. 长袖白纱公主裙

(1) 款式说明

上身为合体高腰节设计，采用白色蕾丝面料，袖子和裙子均为网眼纱材质，缩褶设计，柔软飘逸，袖口采用白色弹力带。

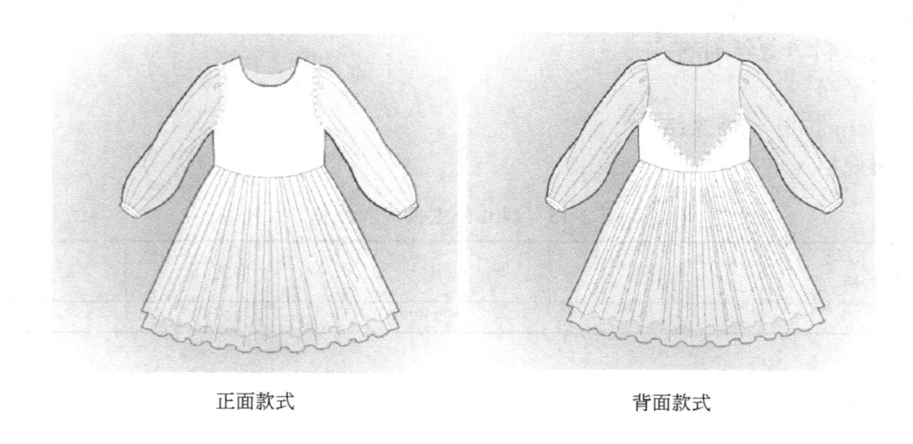

图 2-32 长袖白纱公主裙款式图

(2) 面料、里料、辅料

面料：白色蕾丝、细网眼纱（第一层）、粗网眼纱（第二层）。

里料：细平布。

辅料：花边、弹力带。

(3) 成衣规格

表 2-16 长袖白纱公主裙成衣规格

部位 规格	胸围	腰围	肩宽	袖长	袖口	袖肥	年龄
100/52	52	52	21	36	14	52	3～4岁

(4) 结构制图

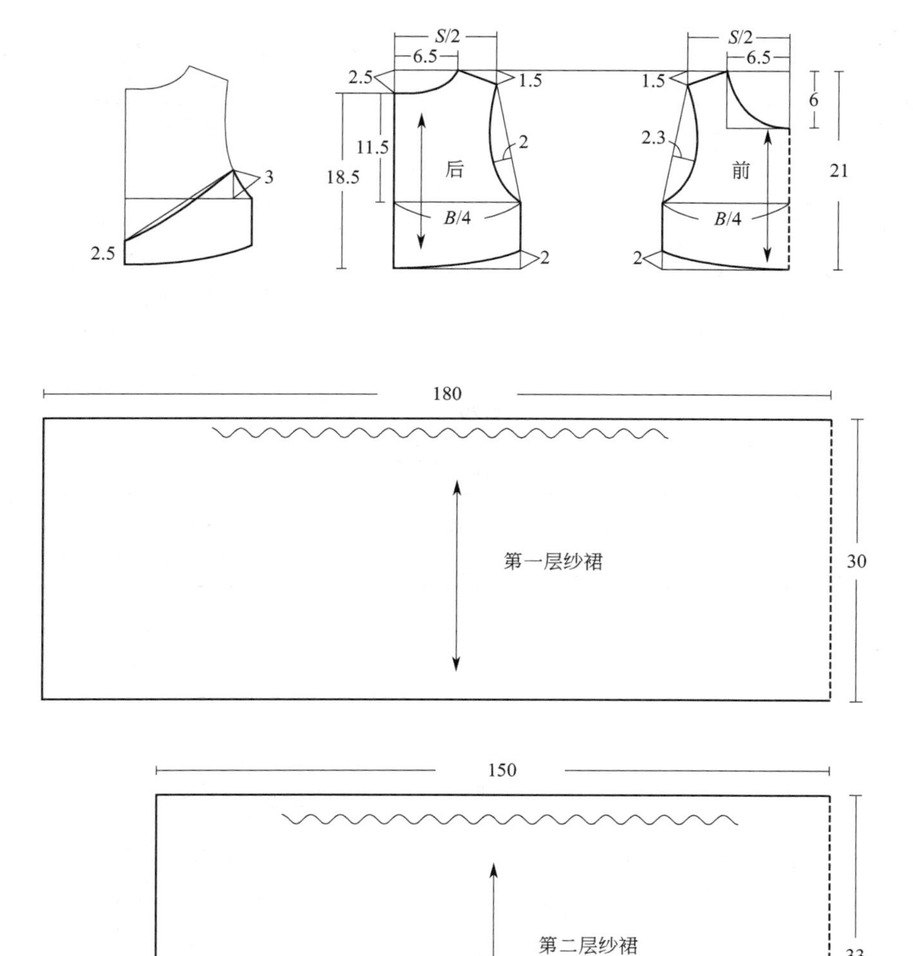

图 2-33 长袖白纱公主裙结构制图

17. 婴儿A字裙

（1）款式说明

该款为泡泡袖A字裙，高腰节设计，后领口装隐形拉链，袖口有开衩，领口及袖口采用滚条工艺。

（2）面料、辅料

面料：纯棉印花府绸。

辅料：隐形拉链、蝴蝶结、纽扣。

（3）成衣规格

正面款式

背面款式

图 2-34 婴儿 A 字裙款式图

表 2-17 婴儿 A 字裙成衣规格

规格 \ 部位	胸围	肩宽	后衣长	摆围	袖长	袖肥	袖口	年龄
80/48	54	20	42	88	11	22	20	9～18 个月

（4）结构制图

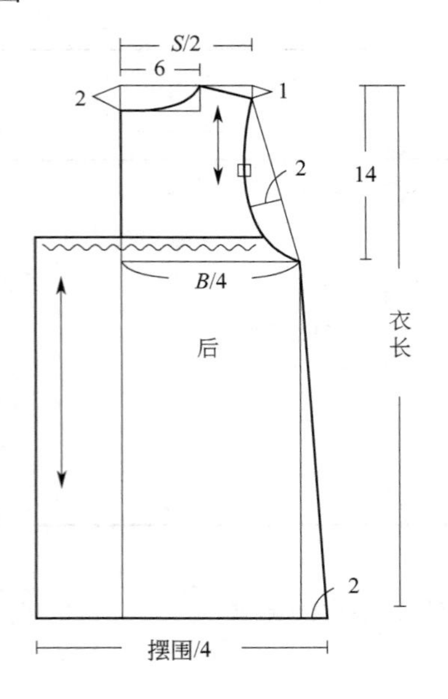

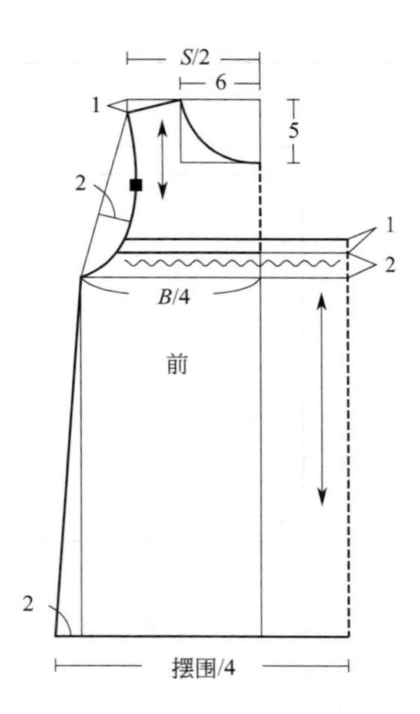

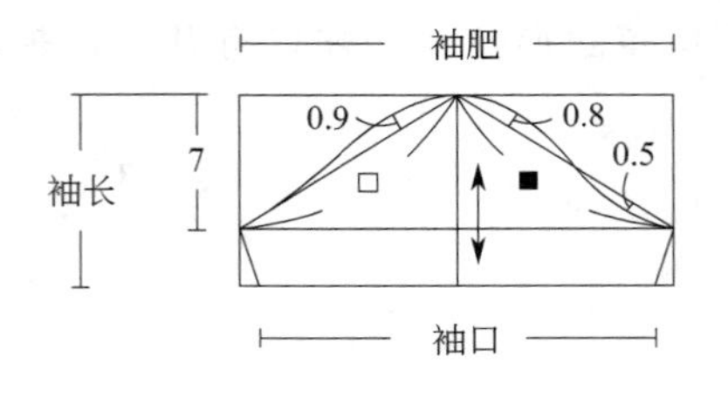

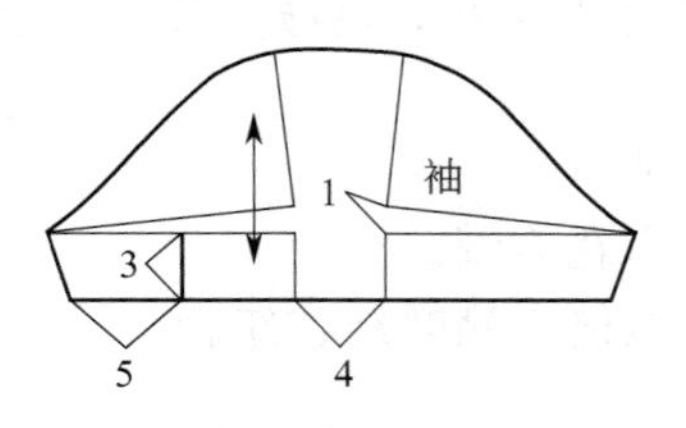

图 2-35 婴儿 A 字裙结构制图

18. 婴儿太阳裙

（1）款式说明

该款为无领、无袖连衣裙，领口和袖口采用滚边工艺，后背开口装纽扣，高腰节设计，裙片缩缝碎褶。

正面款式

背面款式

图 2-36　婴儿太阳裙款式图

（2）面料、辅料

面料：纯棉印花府绸。

辅料：纽扣。

（3）成衣规格

表 2-18　婴儿太阳裙成衣规格

规格＼部位	胸围	肩宽	摆围	背长	裙长	年龄
90/50	60	24	116	18	27	9～18 个月

（4）结构制图

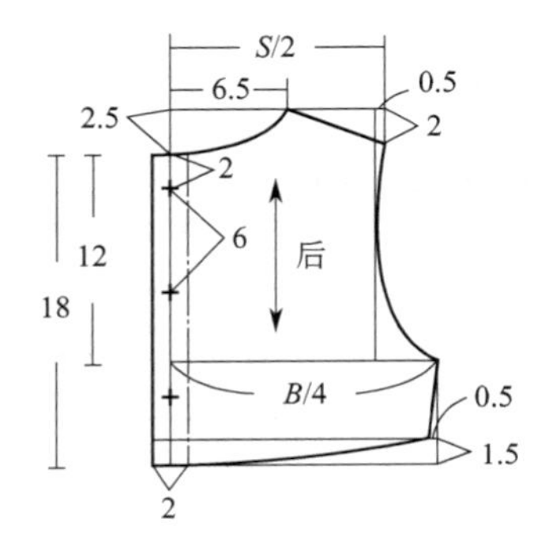

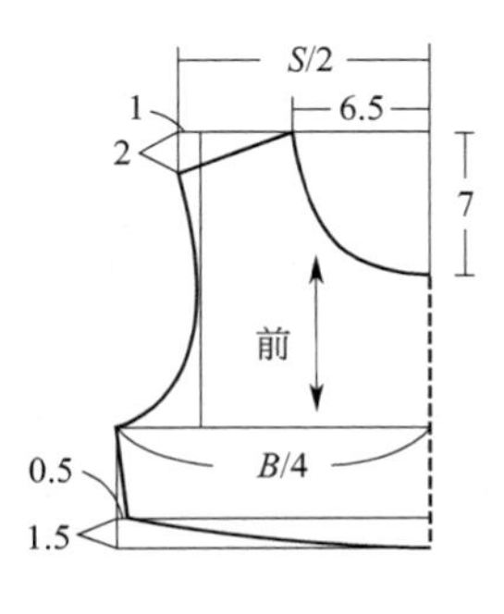

图 2-37

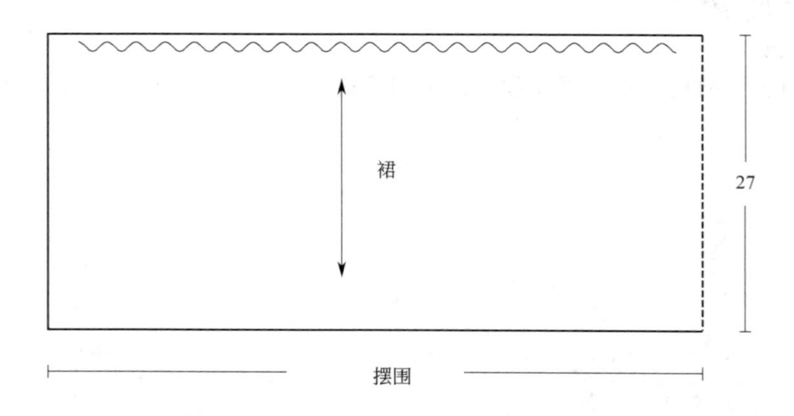

图 2-37 婴儿太阳裙结构制图

19. 三层公主短裙

（1）款式说明

本款短裙采用三层设计，裙摆量逐渐加大设计。

图 2-38 三层公主短裙款式图

（2）面料、辅料

面料：雪纺，针织面料。

辅料：松紧带。

（3）成衣规格

表 2-19 三层公主短裙成衣规格

部位 规格	裙长	腰围	裙摆围	适合年龄
90/47	35.5	44	136	2～1.5 岁

（4）结构制图

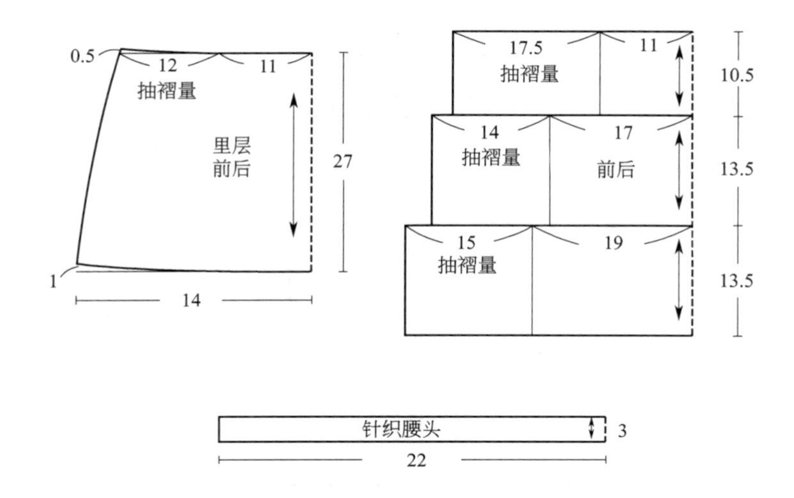

图 2-39 三层公主短裙结构制图

20. 女童褶裙

(1) 款式说明

褶裙是女童裙装主要的款式之一。本款裙子，适合 3～4 岁、身高 100～105cm 左右的女童穿着。该裙使用纯棉面料，腰头绱松紧带。

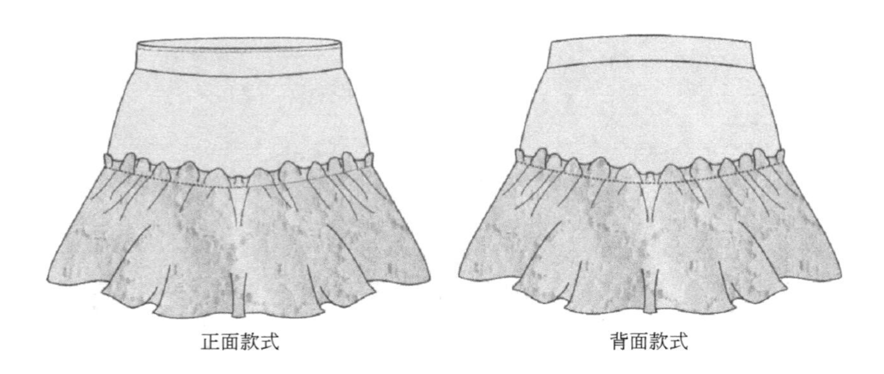

图 2-40 女童褶裙款式图

(2) 面料、辅料

面料：100%棉，雪纺。

辅料：松紧带

(3) 成衣规格

表 2-20 女童褶裙成品规格

规格＼部位	裙长	臀围	腰围(松紧带自然状态)	适合年龄
100/52	45	58	52	3～4 岁

(4) 结构制图

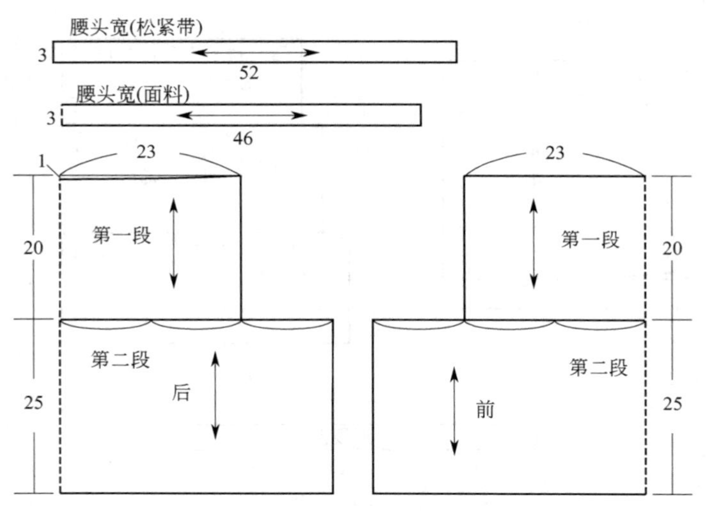

图 2-41 女童褶裙结构制图

21. 女童蛋糕裙

(1) 款式说明

蛋糕裙是女童裙装主要的款式之一。本款裙子轻盈飘逸，活泼可爱。该裙使用雪纺面料，腰头绱松紧带。

图 2-42 女童蛋糕裙款式图

(2) 面料、辅料

面料：雪纺，网纱。

辅料：松紧带

(3) 成衣规格

表 2-21 女童蛋糕裙成品规格

部位 规格	裙长	臀围	腰围(松紧带自然状态)	适合年龄
100/52	40	58	52	3～4 岁

(4) 结构制图

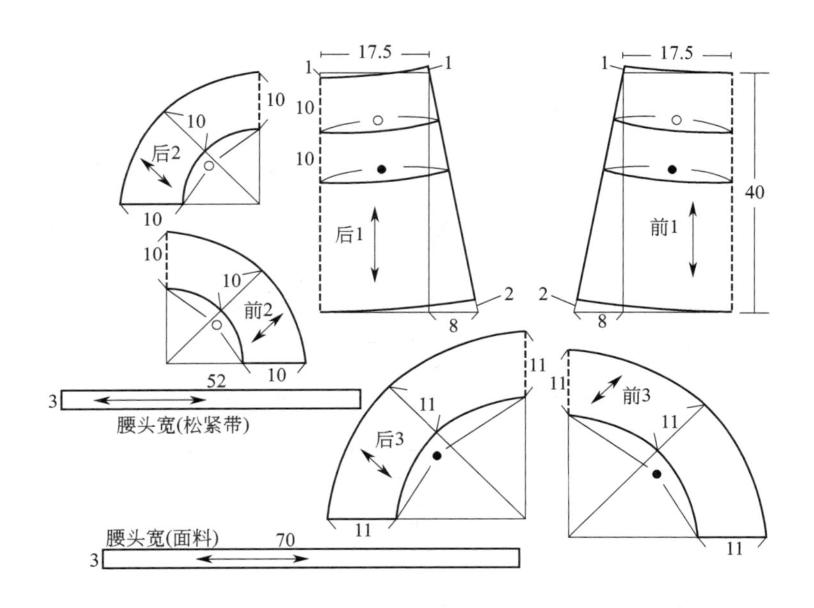

图 2-43　女童蛋糕裙结构制图

22. 女童短裙

（1）款式说明

女童短裙是女童服饰的主要款式之一。本款短裙适合年龄 6～7 岁、身高 120cm 左右的女童穿着。该款短裙采用的是纯棉面料，圆下摆，抽碎褶，腰部绱松紧带。

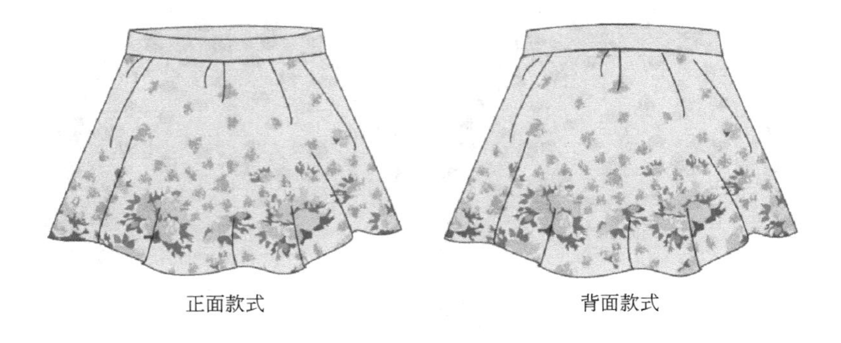

图 2-44　女童短裙款式图

（2）面料、辅料

面料：100%棉。

辅料：松紧带。

（3）成衣规格

表 2-22　女童短裙成品规格

部位 规格	裙长	腰头	腰围(松紧带自然状态)	适合年龄
120/56	21	5	56	6～7 岁

（4）结构制图

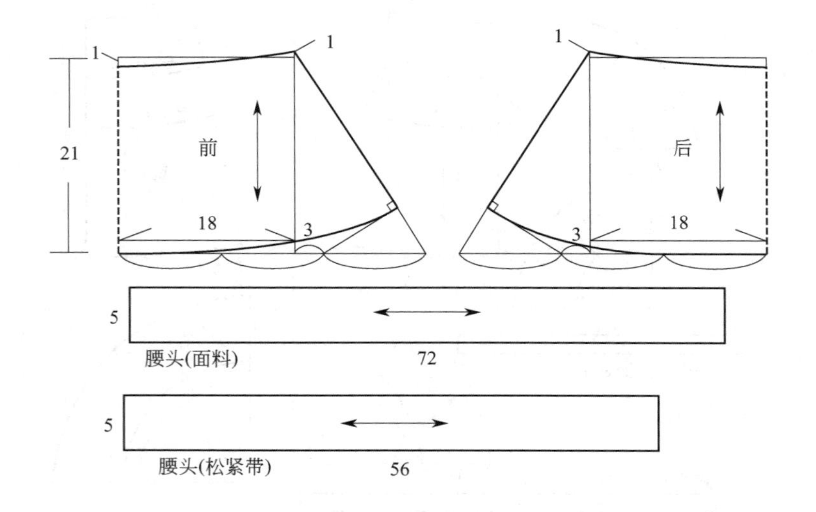

图 2-45 女童短裙结构制图

23. 女童双层褶裙

（1）款式说明

双层裙是女童裙装的主要款式之一。本款褶裙采用的是雪纺面料，两层式褶裙，腰部绱松紧带。

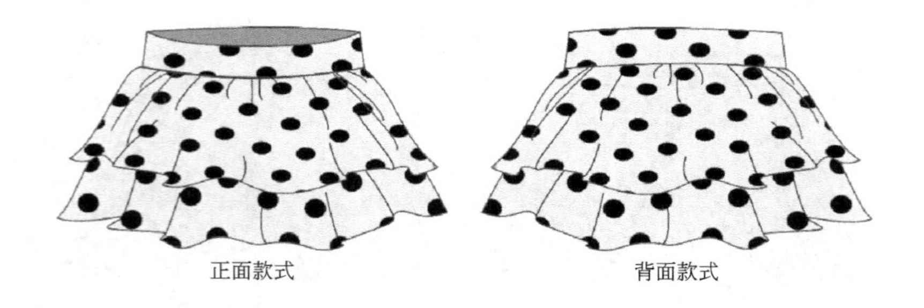

图 2-46 女童双层褶裙款式图

（2）面料、辅料

面料：棉/聚酯纤维混纺面料，雪纺。

辅料：松紧带。

（3）成衣规格

表 2-23 女童双层褶裙成品规格

部位 规格	裙长	腰头	腰围(松紧带自然状态)	适合年龄
110/50	24.5	3.5	50	4～5 岁

（4）结构制图

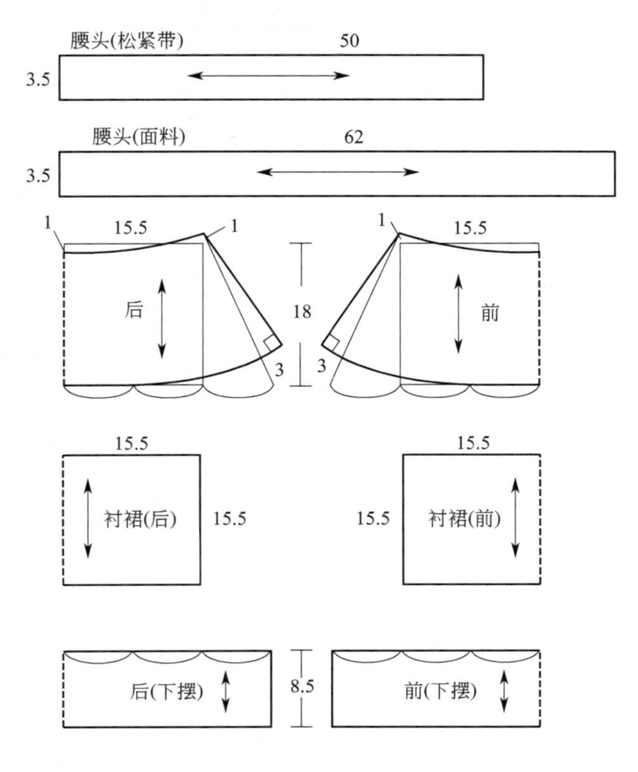

图 2-47 女童双层褶裙结构制图

24. 女童半圆裙

（1）款式说明

半圆裙是女童裙装的主要款式之一。本款褶裙，适合年龄 6～7 岁、身高 120cm 左右的女童穿着。该款褶裙采用的是雪纺面料，侧缝绱拉链。

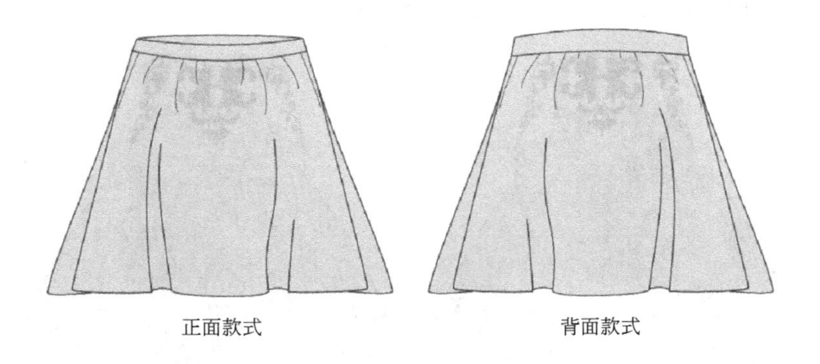

图 2-48 女童半圆裙款式图

（2）面料、辅料

面料：雪纺。

辅料：拉链。

（3）成衣规格

表 2-24 女童半圆裙成品规格

规格＼部位	腰围	裙长	腰头宽	适合年龄
120/53	54	38	2	6～7岁

（4）结构制图

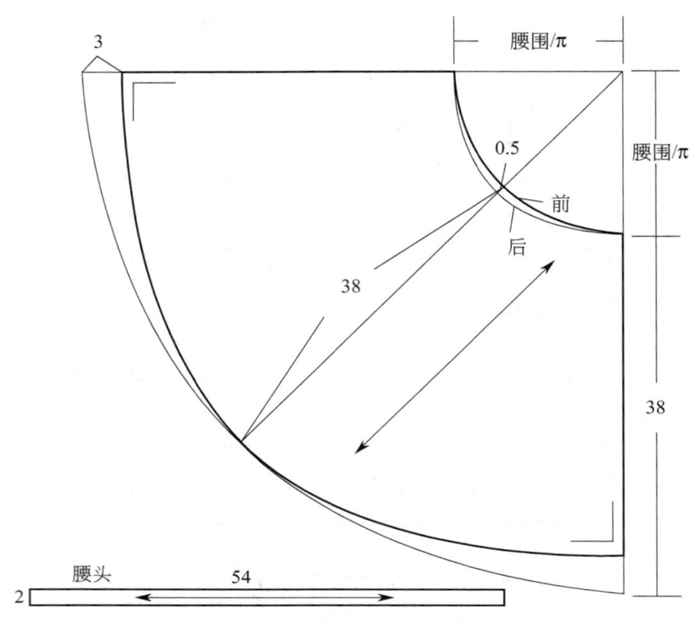

图 2-49 女童半圆裙结构制图

25. 幼童围嘴裙

（1）款式说明

本款采用无袖设计。衣身采用上下分开设计，下摆宽阔。前领口部位采用双层面料，围嘴式设计，后中采用开口设计，在领口处设计一粒纽扣。

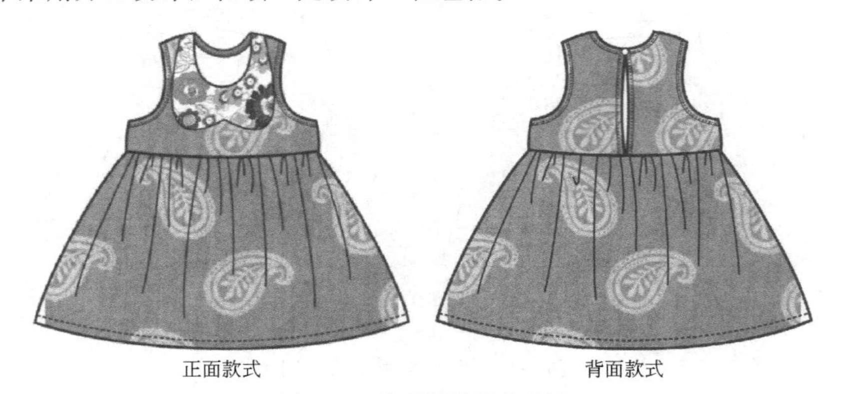

图 2-50 幼童围嘴裙款式图

（2）面料、辅料

面料：全棉牛仔面料，全棉印花平布。

辅料：塑料纽扣。

（3）成衣规格

表 2-25　幼童围嘴裙成衣规格

部位 / 规格	后衣长	肩宽	胸围	摆围	适合年龄
90/52	14	19	56	128	2岁

（4）结构制图

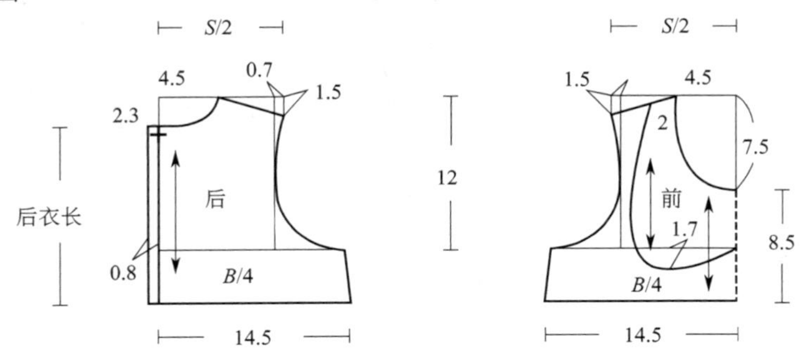

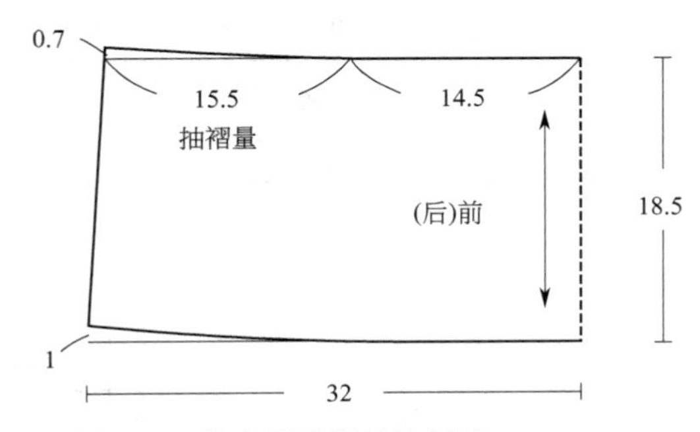

图 2-51　幼童围嘴裙结构制图

26. 中童套装裙

（1）款式说明

套装裙是女童休闲服饰的主要款式之一。本款套装裙，适合 6～7 岁的女童穿着，领子为横机罗纹领，下身左右各有一个口袋。

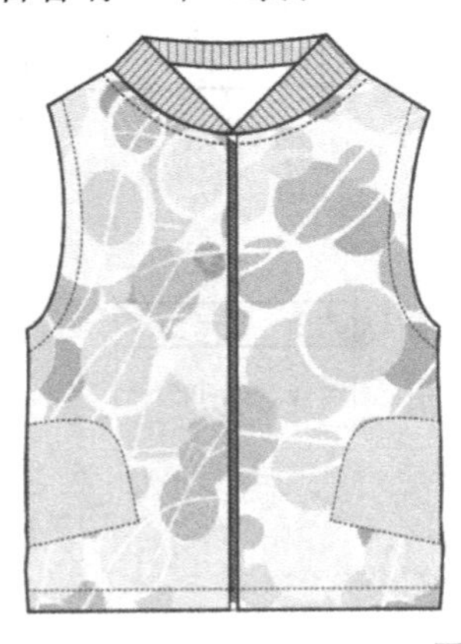

图 2-52

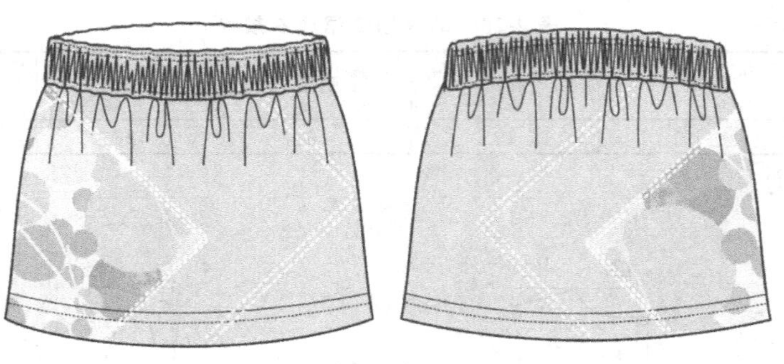

图 2-52　中童套装裙款式图

（2）面料、辅料

面料：全棉针织面料。

辅料：横机罗纹。

（3）成衣规格

表 2-26　中童套装裙成衣规格

规格＼部位	衣长	胸围	腰围	肩宽	裙长	适合年龄
120/53	39.5	75	53	25	35	6～7 岁

（4）结构制图

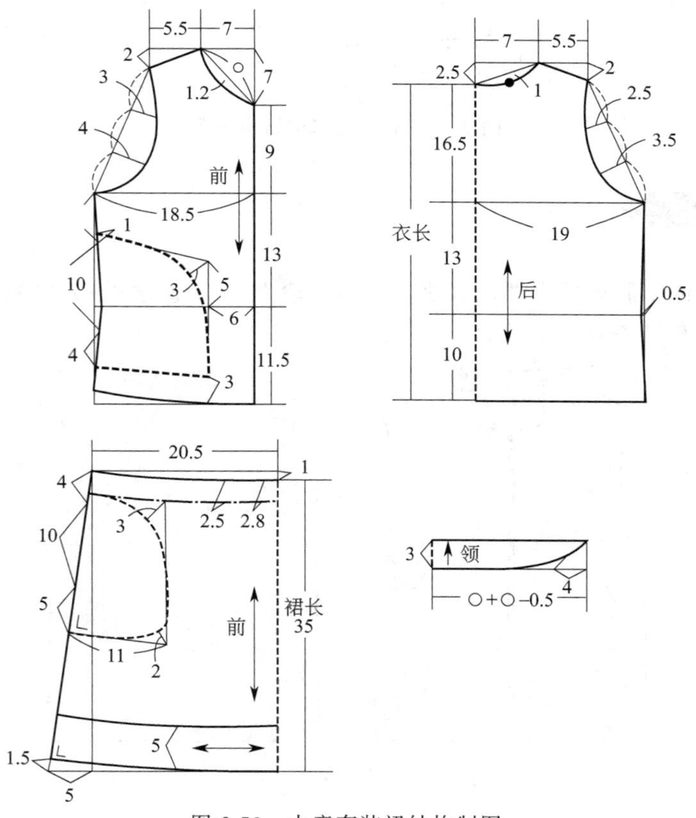

图 2-53　中童套装裙结构制图

第三章

裤装结构制图

27. 小童短裤

（1）款式说明

本款短裤造型宽松，腰头采用松紧带缝制，便于穿脱。前后腰部采用褶裥设计，裤口宽大，裤前片采用插袋设计。

图 3-1　小童短裤款式图

（2）面料、口袋里料、辅料

面料：全棉卡其。

口袋里料：涤棉平纹。

辅料：松紧带。

（3）成衣规格

表 3-1　小童短裤成衣规格

部位 规格	裤长	臀围	腰围(放松/拉伸)	立裆	裤口	适合年龄
140/55	25.5	100	46/78	15.5	64	10～11 岁

(4) 结构制图

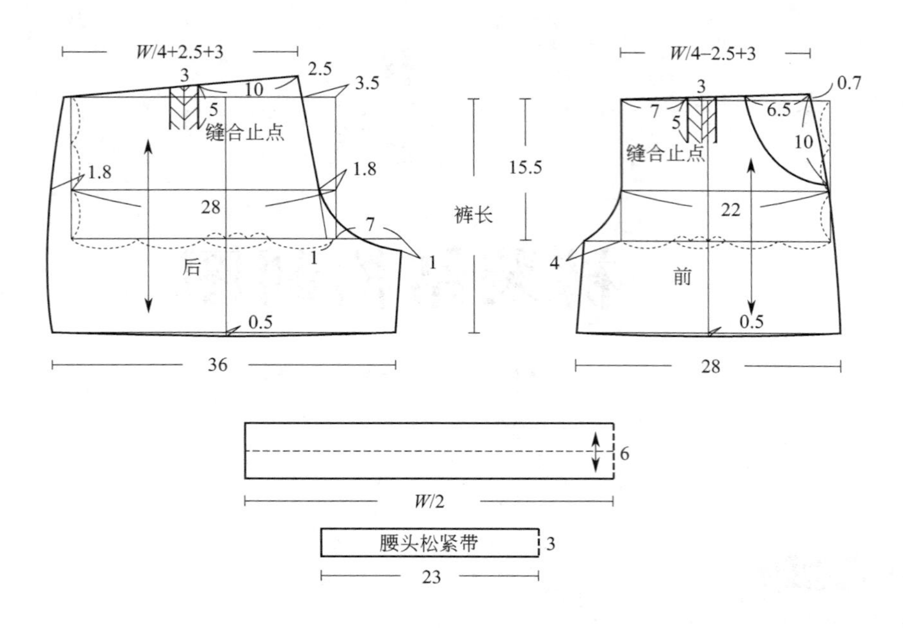

图 3-2 小童短裤结构制图

28. 幼童短裤

(1) 款式说明

本款短裤采用松紧腰头设计，方便穿脱，后裤袋采用开袋设计，款式时尚。

图 3-3 幼童短裤款式图

(2) 面料、辅料

面料：全棉斜纹牛仔面料。

辅料：松紧带。

(3) 成衣规格

表 3-2 幼童短裤成衣规格

部位 规格	裤长	臀围	腰围(放松/拉伸)	立裆	裤口	适合年龄
90/47	17.5	66	43/63	14.5	40.5	2～2.5 岁

（4）结构制图

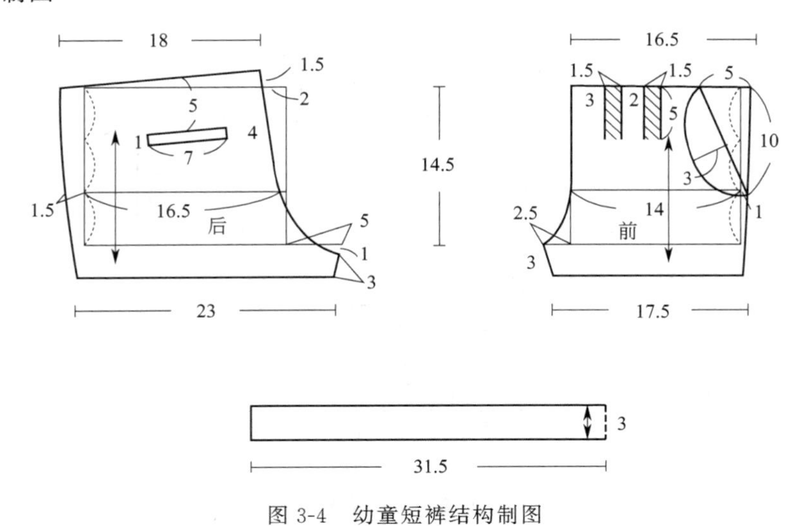

图 3-4　幼童短裤结构制图

29. 女童休闲短裤

（1）款式说明

休闲短裤是女童裤装的主要款式之一。本款短裤，适合年龄 3～4 岁、身高 95～100cm 的女童穿着，前片有碎褶，腰部绱松紧带。

图 3-5　女童休闲短裤款式图

（2）面料、辅料

面料：全棉针织布。

辅料：松紧带。

（3）成衣规格

表 3-3　女童休闲短裤成品规格

部分 规格	裤长	上裆长	臀围	腰围(松紧带自然状态)	裤脚宽	适合年龄
100/50	25	21	68	50	39	3～4 岁

（4）结构制图

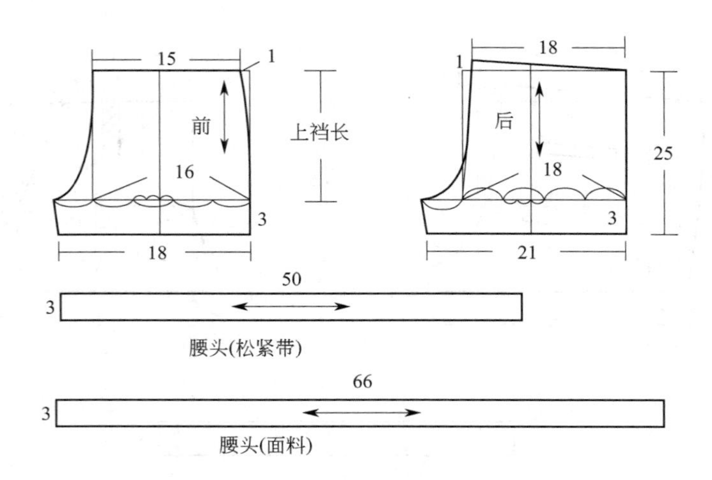

图 3-6　女童休闲短裤结构制图

30. 女童拼接短裤

（1）款式说明

拼接短裤是女童裤装的主要款式之一。本款短裤，适合年龄 2～3 岁、身高 80～90cm 的女童穿着，前片有假口袋，后片为拼接，腰部绱松紧带。

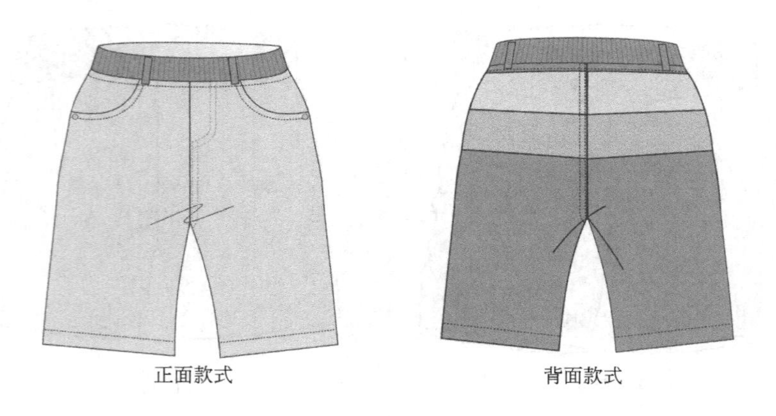

图 3-7　女童拼接短裤款式图

（2）面料、辅料

面料：牛仔布。

辅料：松紧带。

（3）成衣规格

表 3-4　女童拼接短裤成品规格

部分 规格	裤长	上裆长	臀围	腰围(松紧带自然状态)	裤脚宽	适合年龄
90/47	27	20	68	48	39	2～3 岁

（4）结构制图

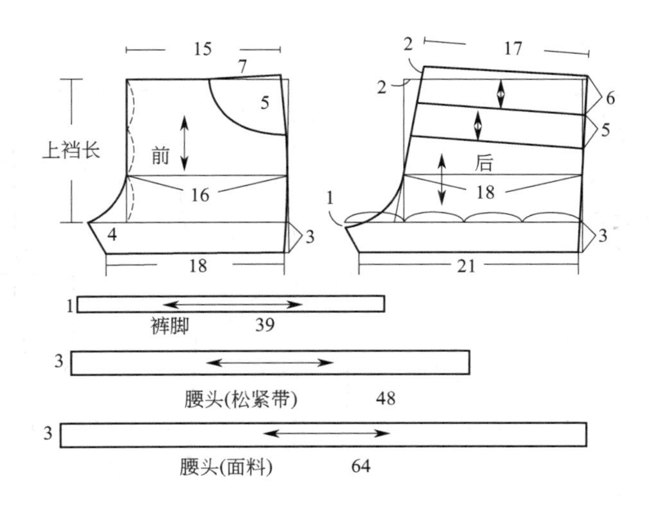

图 3-8　女童拼接短裤结构制图

31. 小童中裤

（1）款式说明

本款小童中裤采用松紧腰头设计，方便穿脱。前片采用插袋设计，侧面采用不同面料的贴袋设计，后裤身采用约克分割设计，款式时尚。

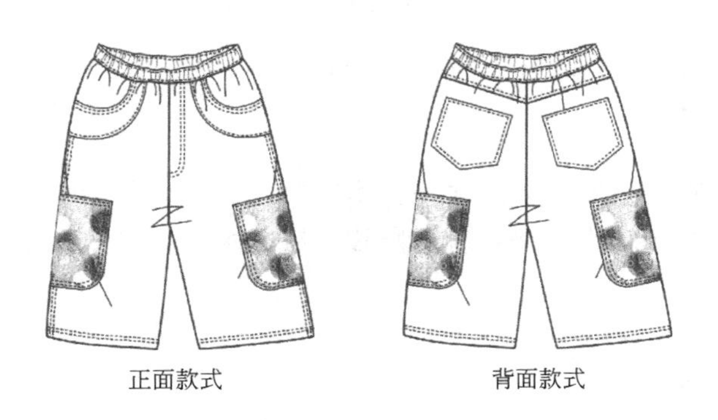

图 3-9　小童中裤款式图

（2）面料、辅料

面料：全棉斜纹面料。

辅料：松紧带。

（3）成衣规格

表 3-5　小童中裤成衣规格

部位 规格	裤长	臀围	腰围(放松/拉伸)	立裆	裤口	适合年龄
120/53	36	72	49/74	17	37	6～7 岁

（4）结构制图

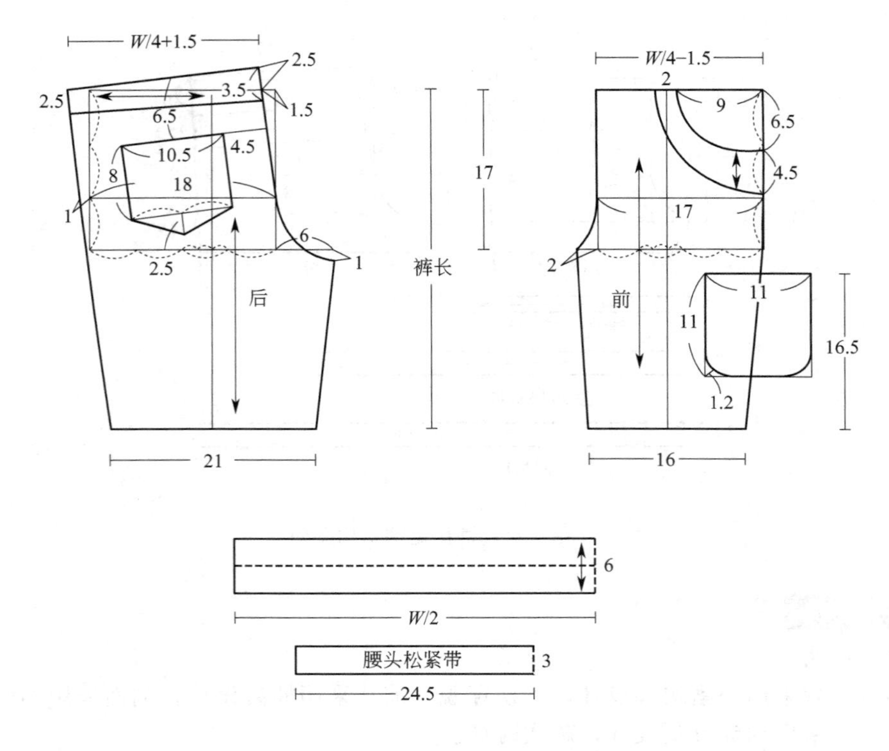

图 3-10 小童中裤结构制图

32. 女童宽松七分裤

（1）款式说明

宽松七分裤是女童裤装主要的款式之一。本款裤子，适合年龄 6～7 岁、身高 115～125cm 左右的女童穿着。该裤使用纯棉面料，脚口贴边，腰头绱松紧带。

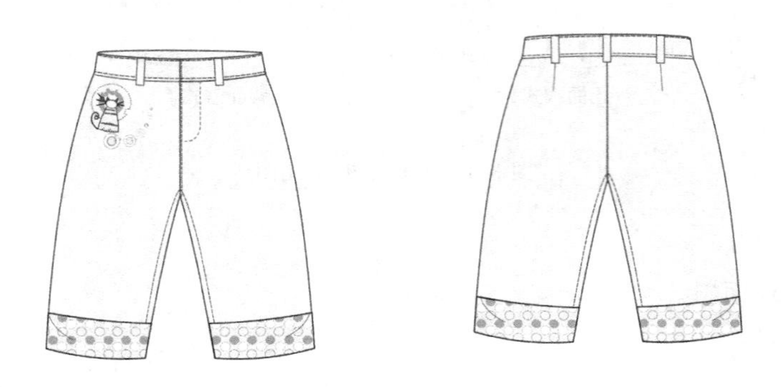

图 3-11 女童宽松七分裤款式图

（2）面料、辅料

面料：牛仔布。

辅料：松紧带。

（3）成衣规格

表 3-6　女童宽松七分裤成品规格

部位 规格	裤长	上裆长	臀围	腰围(拉伸 W′/放松 W)	裤口	适合年龄
120/56	49	17.5	68	62/50	26	6～7 岁

（4）结构制图

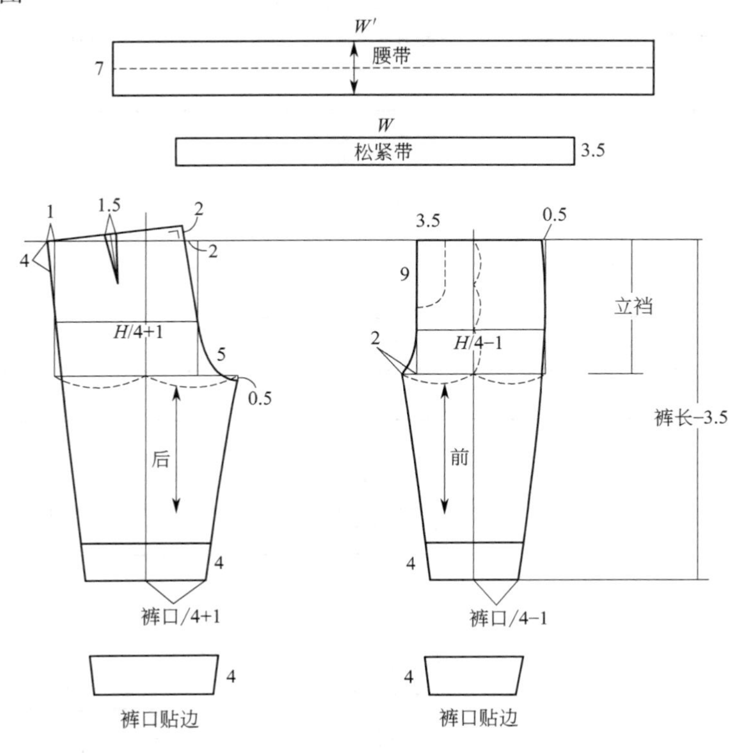

图 3-12　女童宽松七分裤结构图

33. 撞色小贴袋哈伦裤

（1）款式说明

本款采用全棉针织面料，宽松舒适。正面两侧有斜插袋，背面有心形撞色贴袋。

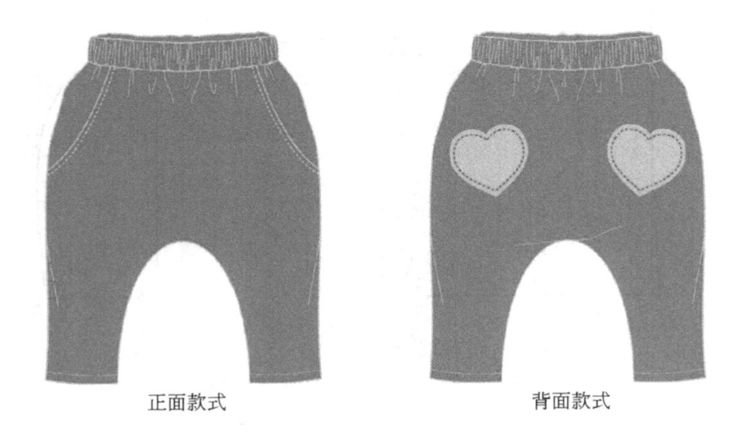

图 3-13　撞色小贴袋哈伦裤款式图

(2) 面料、辅料

面料：全棉针织卫衣布。

辅料：松紧带。

(3) 成衣规格

表 3-7 撞色小贴袋哈伦裤成衣规格

规格 \ 部位	腰围(拉伸 W'/放松 W)	臀围	裤长	裤口	年龄
90/50	66/40	68	42	20	1～2 岁

(4) 结构制图

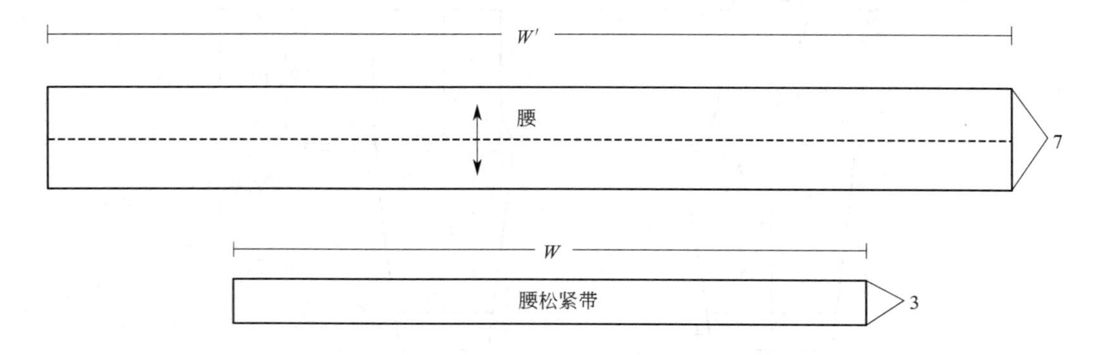

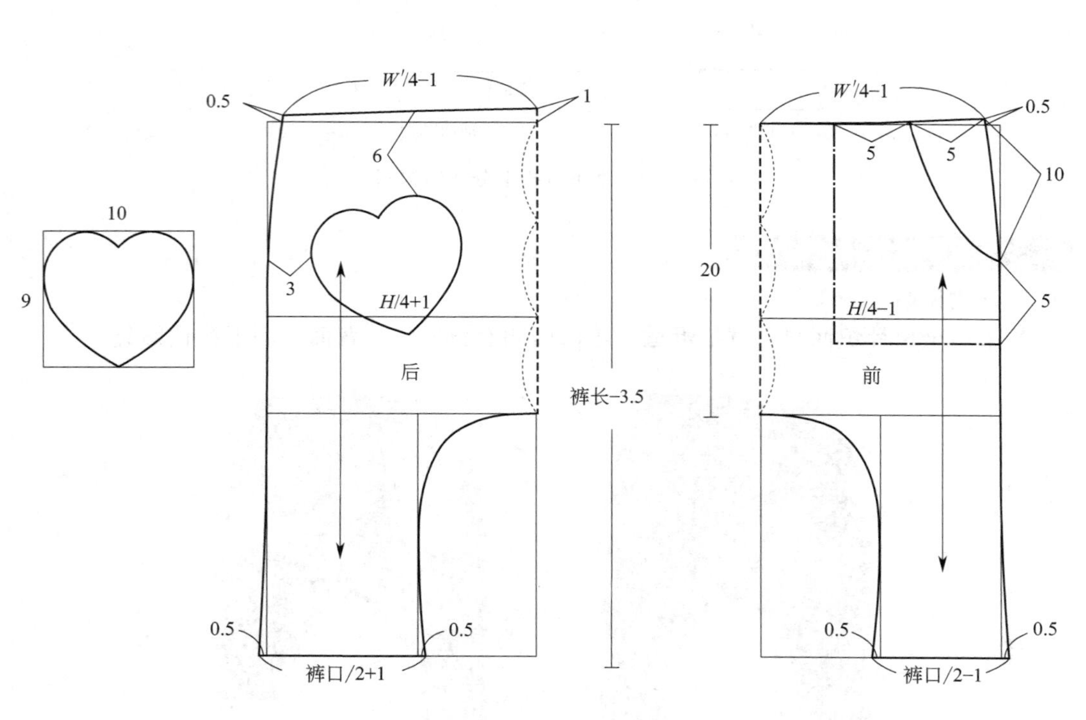

图 3-14 撞色小贴袋哈伦裤结构制图

34. 幼童哈伦裤

（1）款式说明

本款哈伦裤采用罗纹松紧腰头设计，方便穿脱，裤口采用松紧设计，款式时尚。

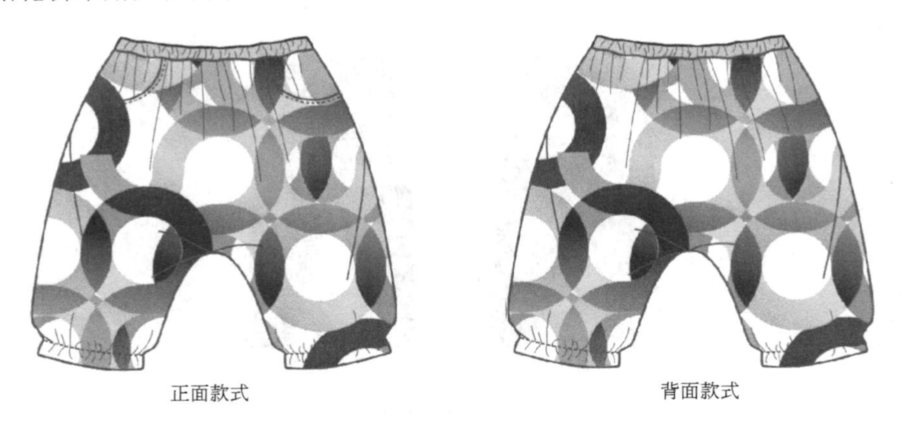

图 3-15　幼童哈伦裤款式图

（2）面料、辅料

面料：全棉斜纹牛仔面料。

辅料：针织罗纹。

（3）成衣规格

表 3-8　幼童哈伦裤成衣规格

部位 规格	裤长	臀围	腰围(放松/拉伸)	立裆	裤口(放松/拉伸)	适合年龄
90/47	28	70	38/68	18	18/26	2～2.5 岁

（4）结构制图

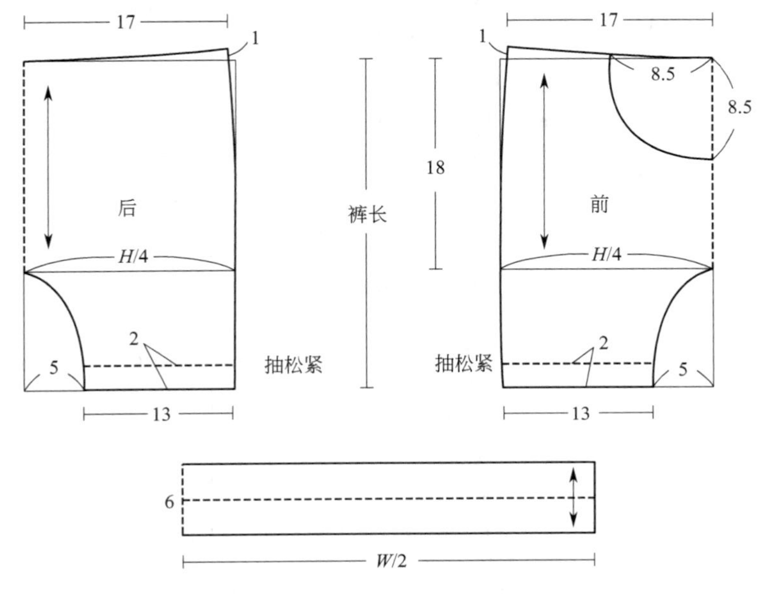

图 3-16　幼童哈伦裤结构制图

35. 大童长裤

(1) 款式说明

本款长裤采用松紧腰头设计，穿脱方便。前片采用插袋设计，后片采用育克分割设计，后裤采用贴袋设计。

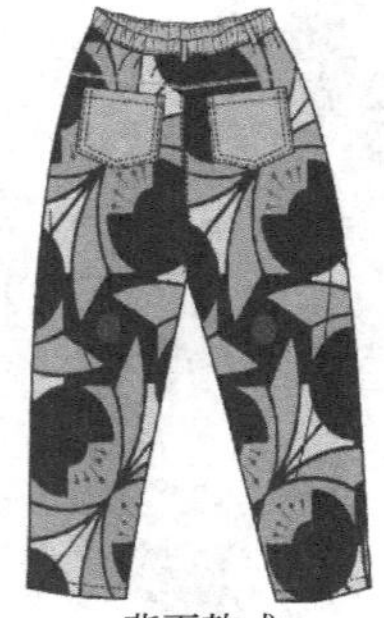
正面款式　　背面款式

图 3-17　大童长裤款式图

(2) 面料、辅料

面料：76%棉，20%锦，4%氨纶；针织面料。

辅料：松紧带。

(3) 成衣规格

表 3-9　大童长裤成衣规格

部位 规格	裤长	臀围	腰围(放松/拉伸)	立裆	裤口	适合年龄
160/66	90	86	60/83	25	32	14～15 岁

(4) 结构制图

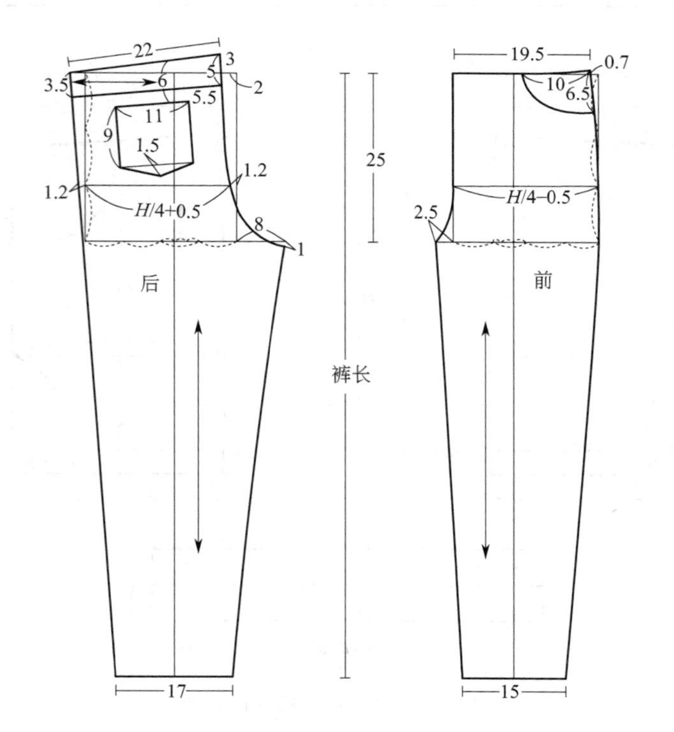

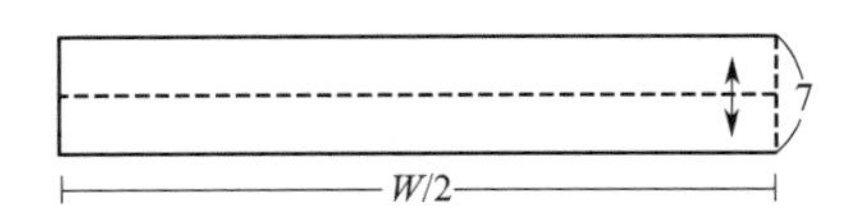

图 3-18 大童长裤结构制图

（5）细节图

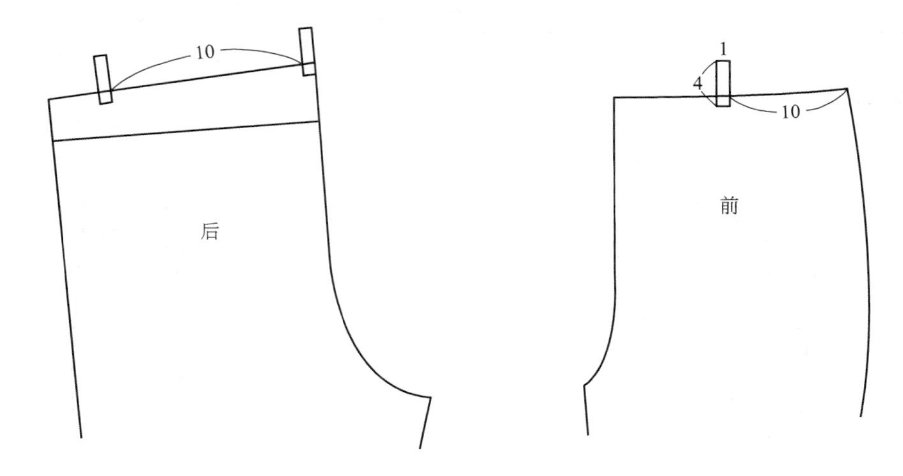

图 3-19 大童长裤细节图

36. 小童牛仔长裤

（1）款式说明

本款牛仔长裤采用松紧腰头设计，穿脱方便。前片采用插袋设计，后片采用育克分割设计，后裤贴袋为不规则形，腰头采用不同色彩设计。

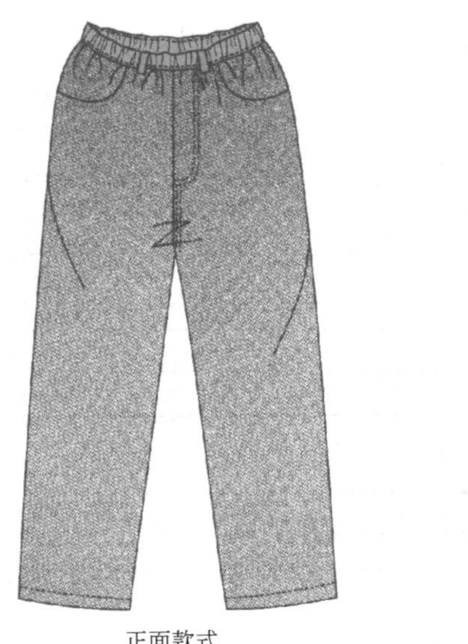

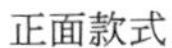

正面款式　　背面款式

图 3-20 小童牛仔长裤款式图

(2) 面料、辅料

面料：全棉斜纹牛仔面料，100%棉。

辅料：松紧带。

(3) 成衣规格

表 3-10 小童牛仔长裤成衣规格

规格＼部位	裤长	臀围	腰围(放松/拉伸)	立裆	裤口	适合年龄
110/53	60	74	46/72	17	31	4～5 岁

(4) 结构制图

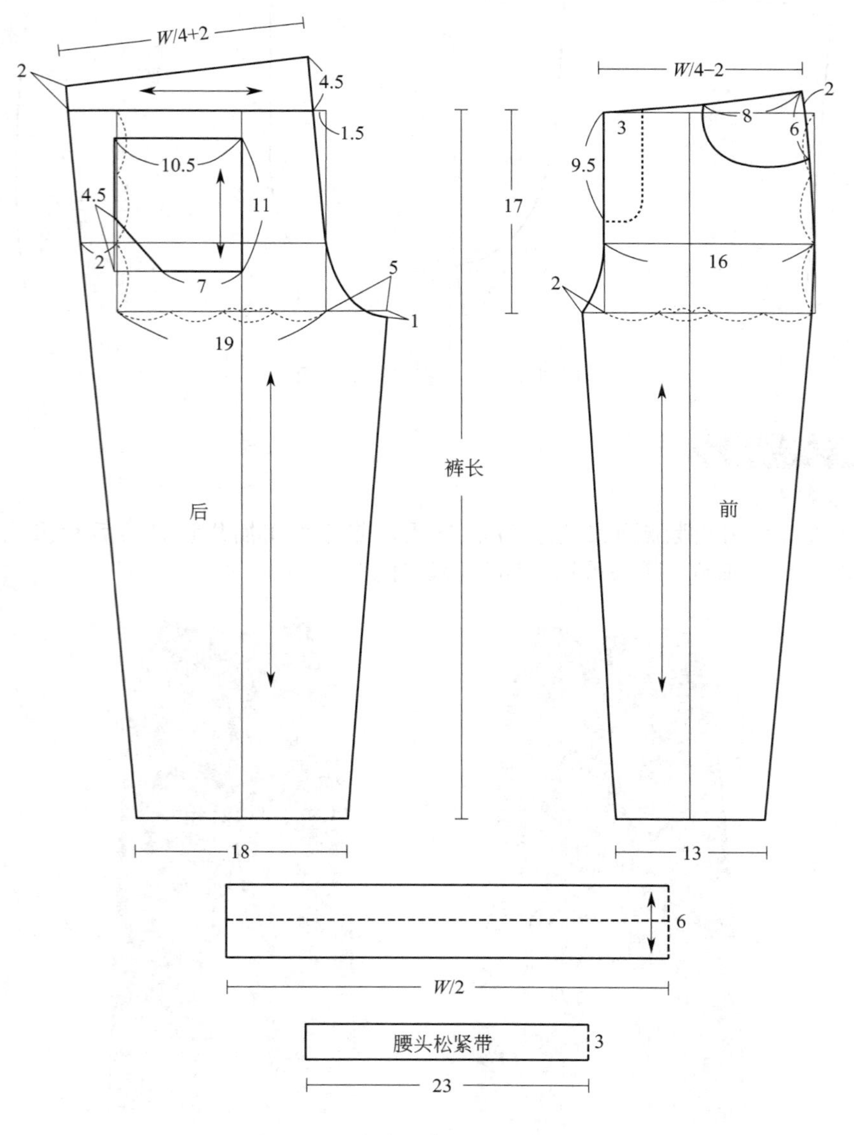

图 3-21 小童牛仔长裤结构制图

(5) 细节图

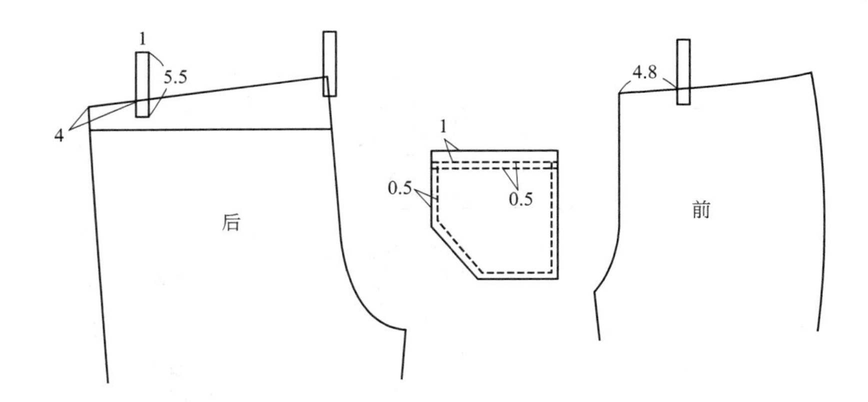

图 3-22　小童牛仔长裤细节图

37. 女童长裤

（1）款式说明

女童长裤是女童裤装主要款式之一。本款长裤，适合年龄 4～5 岁、身高 105～110cm 的女童穿着。该长裤采用纯棉和蕾丝面料，前片有蕾丝和蝴蝶结作为装饰。前片有口袋，后片有假口袋，裤脚有褶。

正面款式

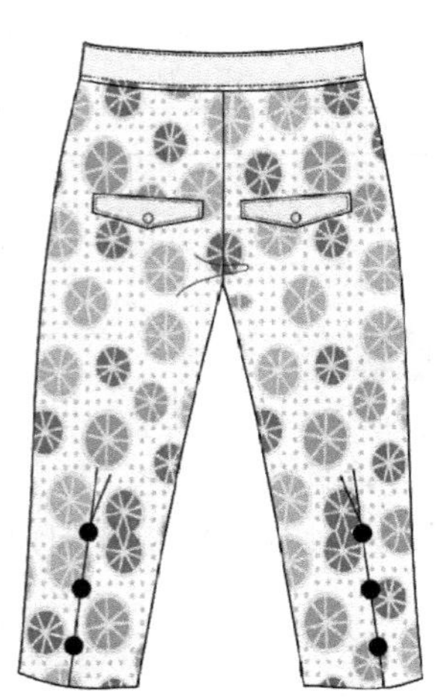
背面款式

图 3-23　女童长裤款式图

（2）面料、辅料

面料：100%棉、蕾丝。

辅料：松紧带。

（3）成衣规格

表 3-11　女童长裤款式成品规格

部位 规格	裤长	上裆长	臀围	腰围	裤口	适合年龄
110/53	39	16.5	64	50	24	4～5 岁

（4）结构制图

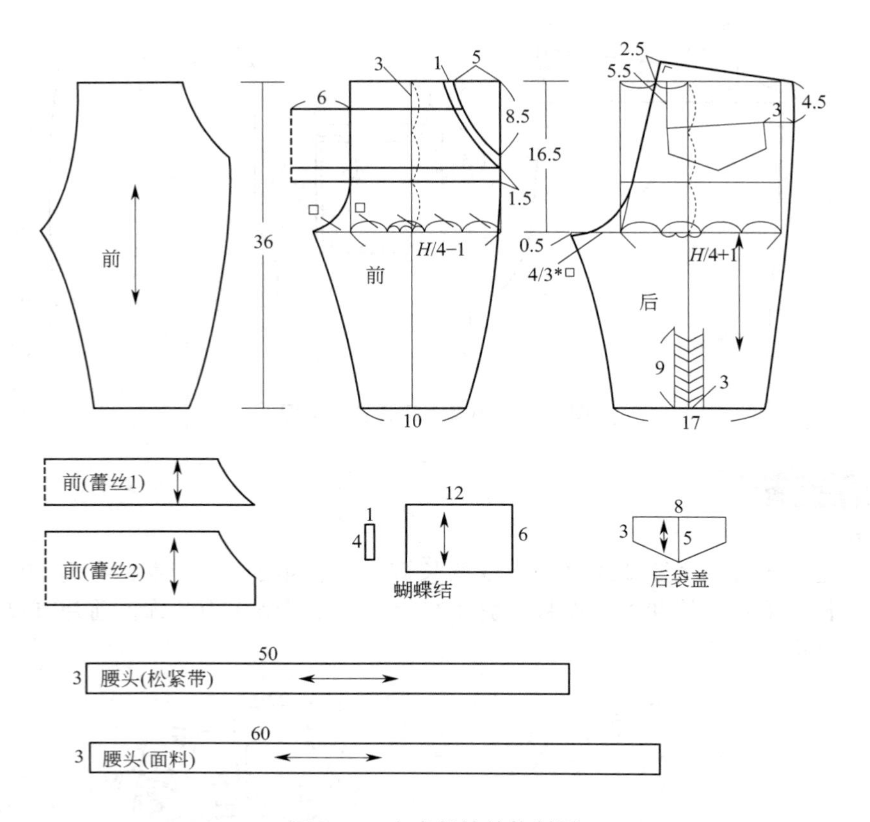

图 3-24 女童长裤结构制图

38. 女童春秋长裤

（1）款式说明

女童春秋长裤是最常见的款式之一。本款长裤，适合年龄 4～5 岁、身高 110cm 左右的女童穿着。该长裤采用的是纯棉面料，裤脚为分割贴边设计，前片有口袋，腰头绱松紧带。

图 3-25 女童秋冬长裤款式图

（2）面料、辅料

面料：100%棉。

辅料：松紧带。

（3）成衣规格

表 3-12　女童秋冬长裤成品规格

规格＼部位	裤长	上裆长	臀围	腰围	裤口	适合年龄
110/53	52	20	64	50	34	4～5 岁

（4）结构制图

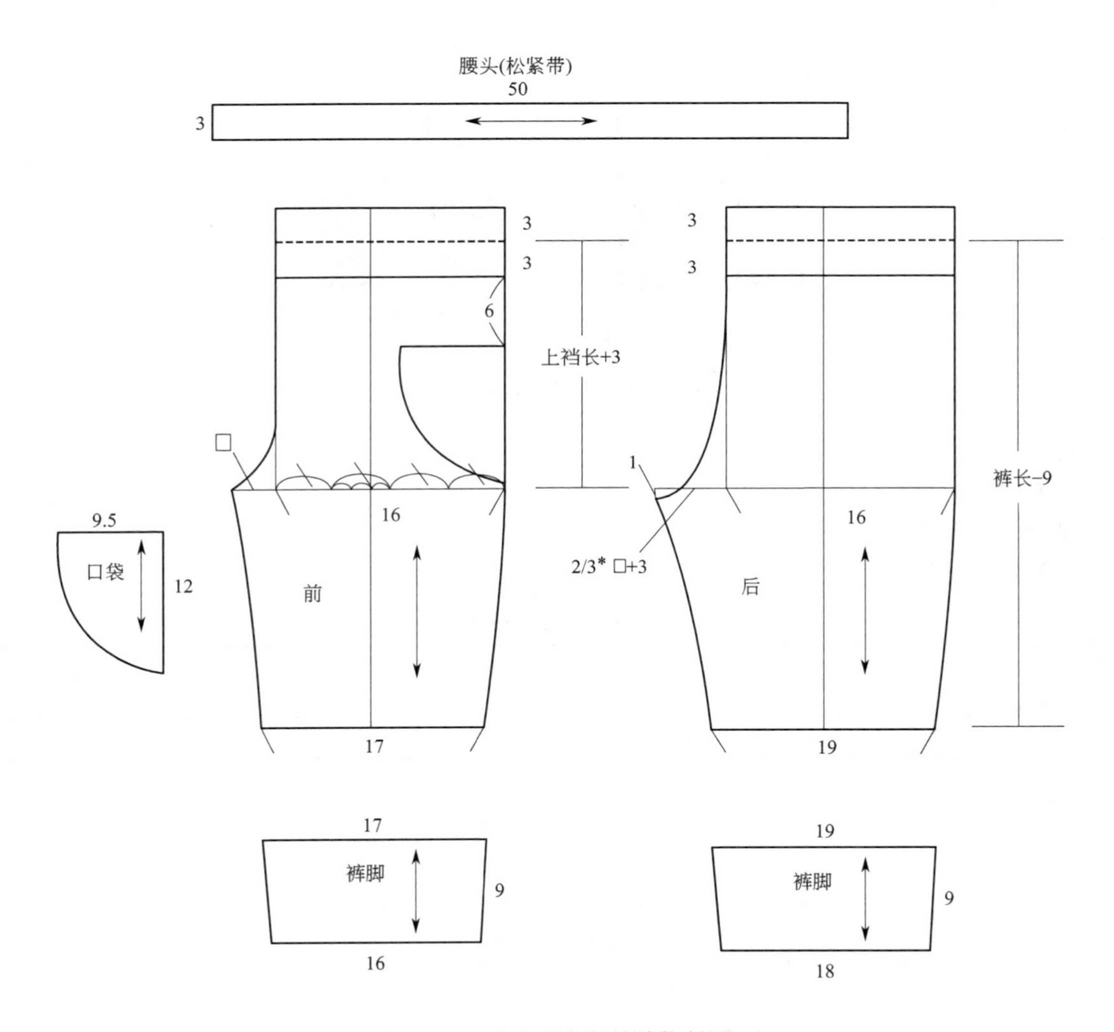

图 3-26　女童秋冬长裤结构制图

39. 女童育克长裤

（1）款式说明

育克长裤是女童裤装主要的款式之一。本款裤子，适合年龄 6～7 岁、身高 115～125cm 的女童穿着。该裤使用纯棉面料，前后片都有育克分割，腰头绱松紧带。

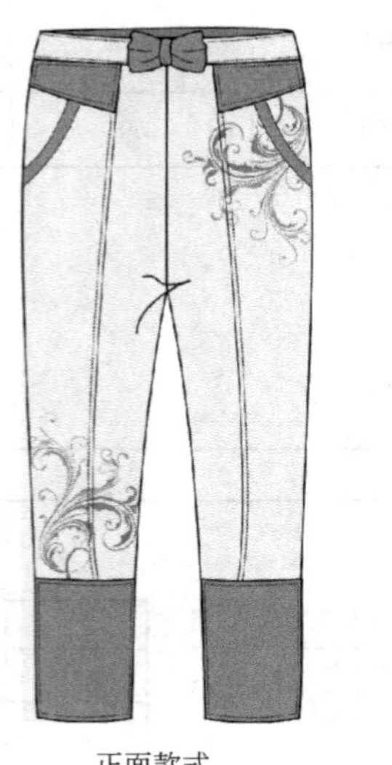

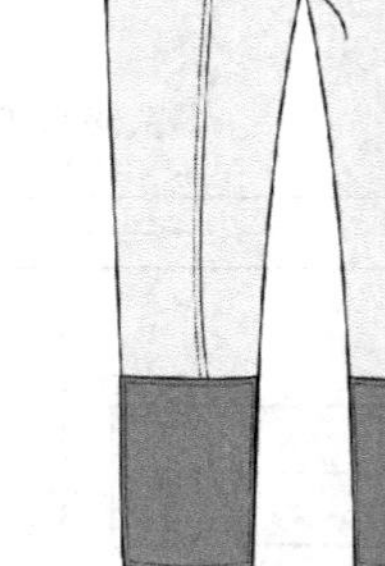

正面款式　　背面款式

图 3-27　女童育克长裤款式图

（2）面料、辅料

面料：100%棉。

辅料：松紧带。

（3）成衣规格

表 3-13　女童育克长裤成品规格

部位 规格	裤长	上裆长	臀围	腰围（松紧带自然状态）	裤口	适合年龄
120/56	58	20	66	62	24	6～7 岁

（4）结构制图

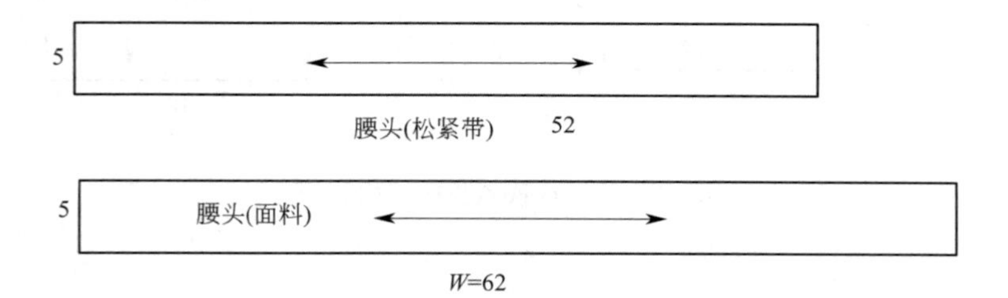

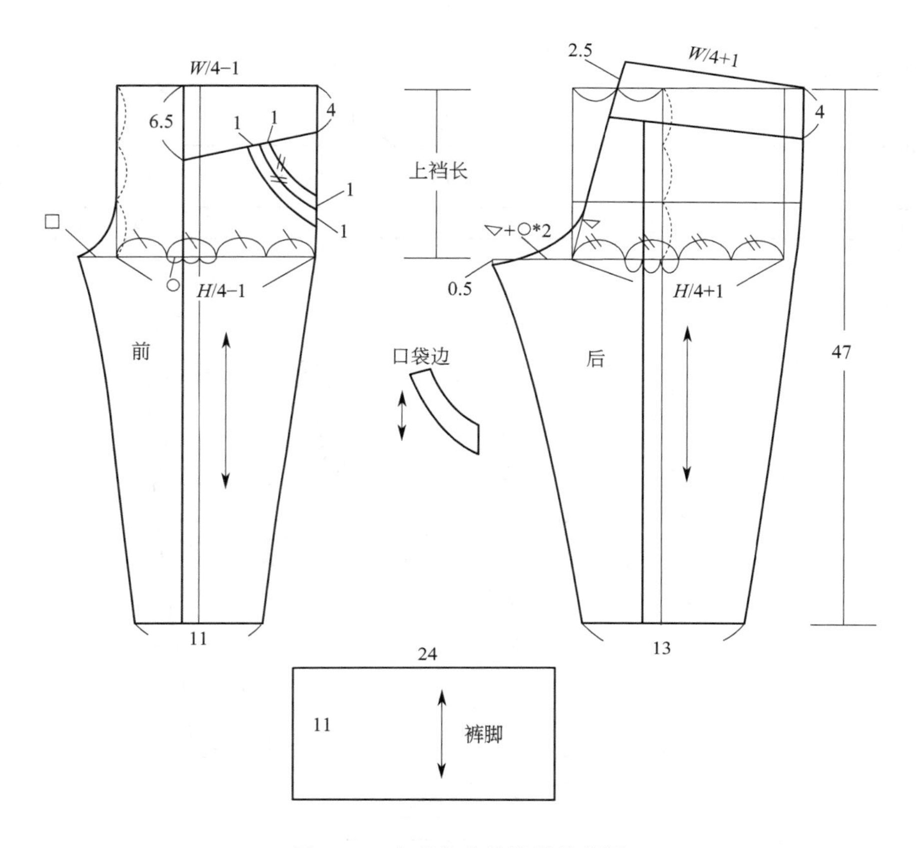

图 3-28 女童育克长裤结构制图

40. 女童卫裤

（1）款式说明

卫裤是女童裤装主要的款式之一。本款裤子，适合年龄 4～5 岁、身高 110cm 左右的女童穿着。该裤使用纯棉面料，前片有口袋，腰头和裤脚使用的是罗纹布，腰头绱松紧带。

图 3-29 女童卫裤款式图

（2）面料、辅料

面料：100%棉。

辅料：松紧带。

（3）成衣规格

表 3-14　女童卫裤成品规格

部位 规格	裤长	上裆长	臀围	腰围(松紧带拉伸状态)	裤口	适合年龄
110/53	52	20	64	60	30	4～5 岁

（4）结构制图

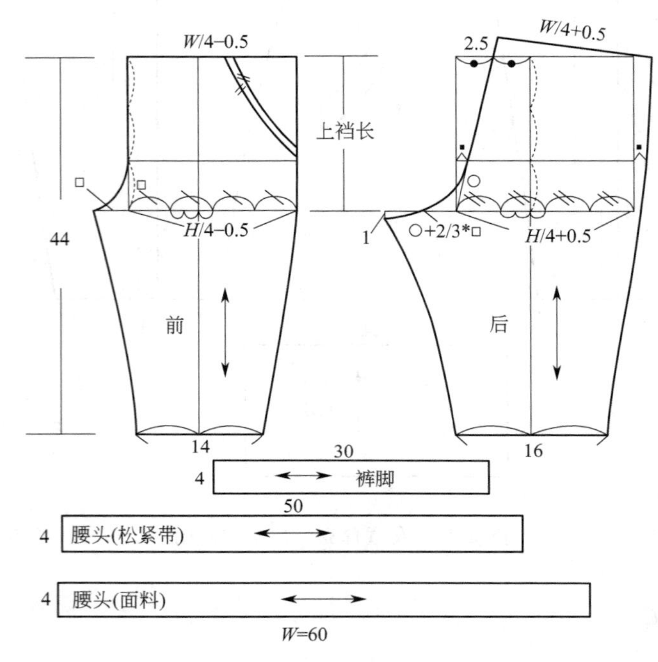

图 3-30　女童卫裤结构制图

41. 婴儿连体裤

（1）款式说明

连体裤是婴儿的常见服装，本款连体裤在前中心线处采用双头拉链，可以双向拉开，便于婴儿更换尿不湿。

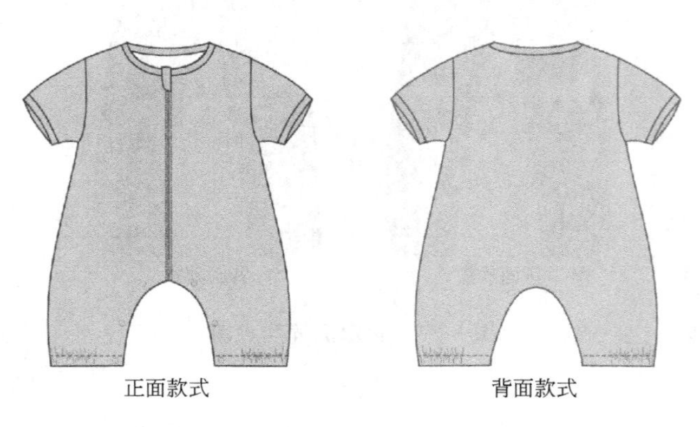

图 3-31　婴儿连体裤款式图

（2）面料、辅料

面料：双层细棉布。

辅料：双头拉链，塑料子母扣。

（3）成衣规格

表 3-15　婴儿连体裤成衣规格

部位 规格	胸围 B	肩宽	后身长	臀围	脚口宽	袖长	袖肥	袖口	适合年龄
90/52	66	30	44	86	14	12	28	24	9～12 月

（4）结构制图

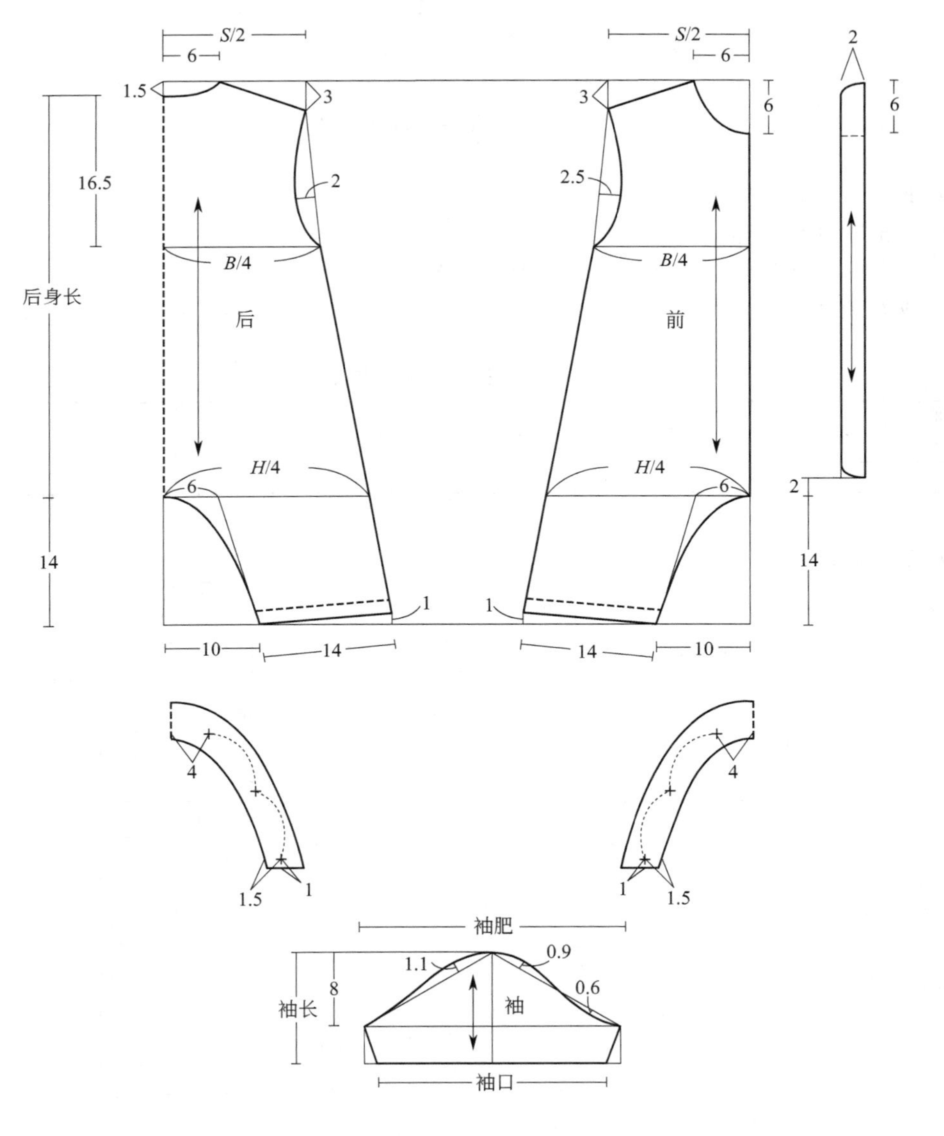

图 3-32　婴儿连体裤结构制图

42. 小童连体裤

（1）款式说明

针织连体裤是小童的常见款式，针织面料吸汗透气，舒适有弹性。本款连体裤为宽松造型，脚口缉缝松紧线，前身开口，采用塑料子母扣扣合。领口为滚边工艺，装饰小花瓣，使服装富于童趣。

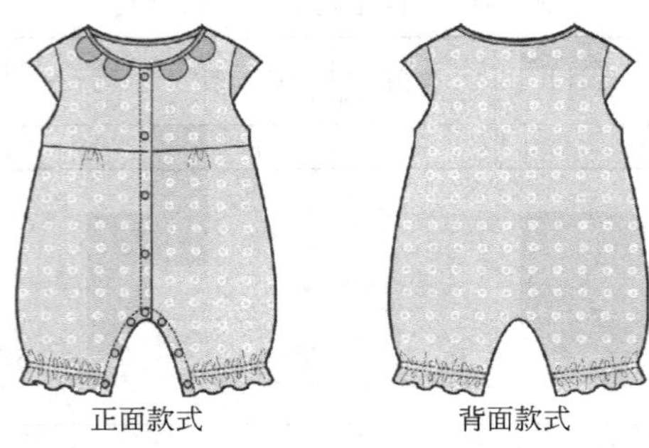

图 3-33　小童连体裤款式图

（2）面料、辅料

面料：全棉针织汗布。

辅料：花瓣为全棉针织汗布，全塑子母扣、松紧线。

（3）成衣规格

表 3-16　小童连体裤成衣规格

规格 \ 部位	前衣长	肩宽	胸围	臀围	袖长	裤口	适合身高
80/48	47	23	54	64	5	9	80

（4）结构制图

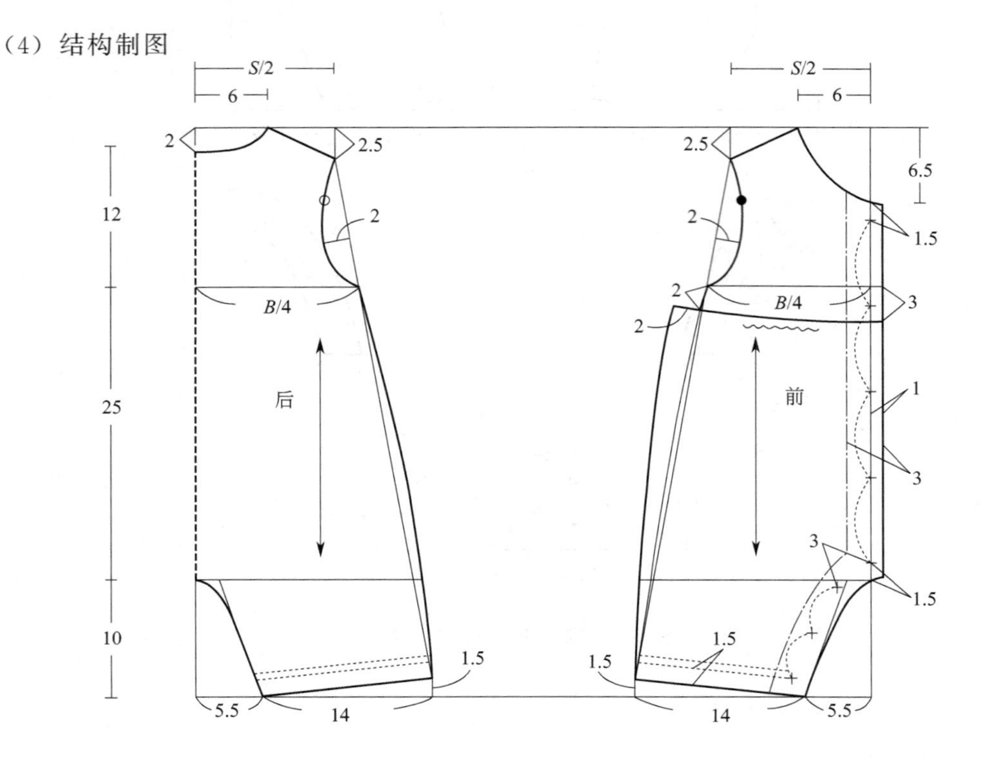

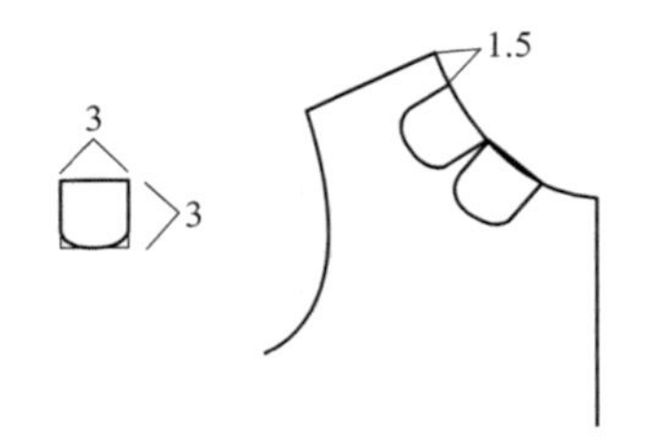

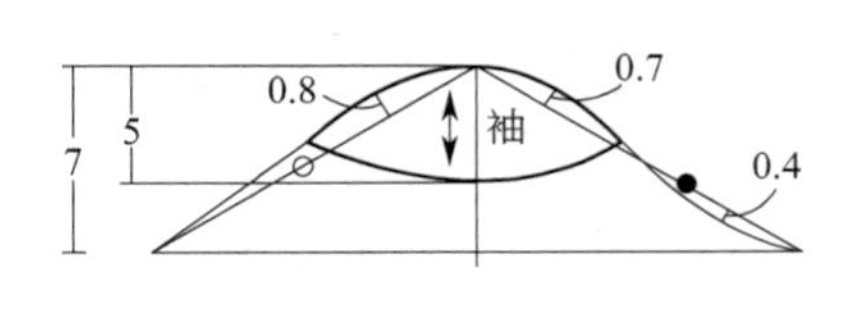

图 3-34 小童连体裤结构制图

43. 条绒九分裤

（1）款式说明

条绒也称灯芯绒，因为透气保暖，是儿童裤装的常用面料之一。本款条绒九分裤采用水洗工艺处理，脚口打褶，宽松舒适。

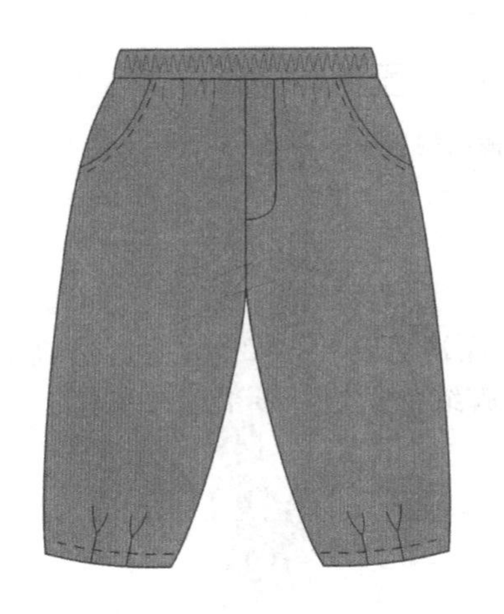

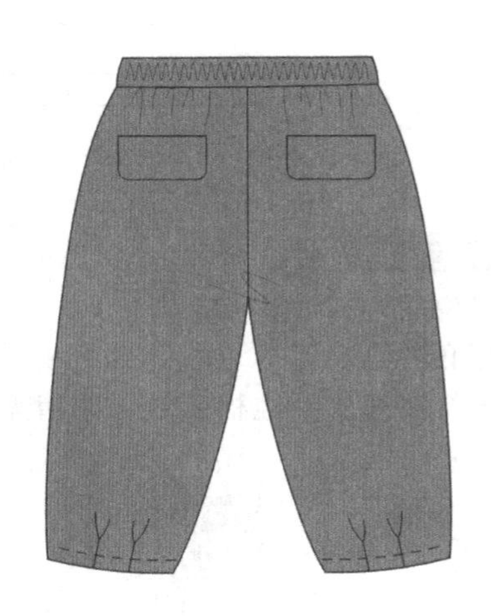

图 3-35 条绒九分裤款式图

（2）面料、辅料

面料：100%棉。

辅料：无。

（3）成衣规格

表 3-17 条绒九分裤成衣规格

部位 规格	腰围(放松 W'/拉伸 W)	臀围	裤长	立裆	裤口	适合年龄
140/62	56/80	92	55	24	34	9～10 岁

（4）结构制图

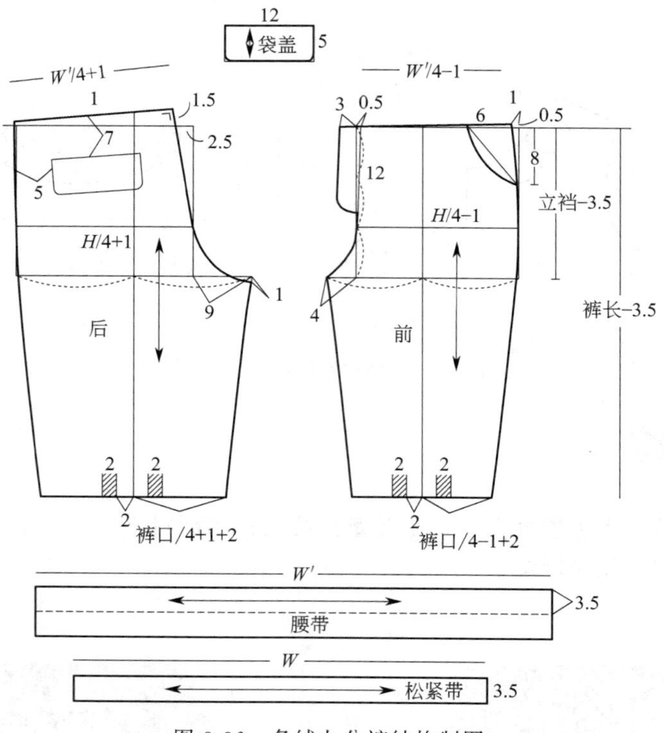

图 3-36 条绒九分裤结构制图

44. 女童打底裤

（1）款式说明

一片式打底裤是女童裤装的款式之一。本款打底裤适合年龄 2～3 岁、身高 90～95cm 的女童穿着。该打底裤采用纯棉面料，无褶无省，裤脚绱蕾丝边，腰部绱松紧带。

图 3-37 女童打底裤款式图

（2）面料、辅料

面料：100％纯棉。

辅料：松紧带。

（3）成衣规格

表 3-18　女童打底裤成衣规格

规格＼部位	裤长	上裆长	臀围	腰围(松紧带自然状态)	裤口	适合年龄
90/47	50	20	60	50	24	2～3岁

（4）结构制图

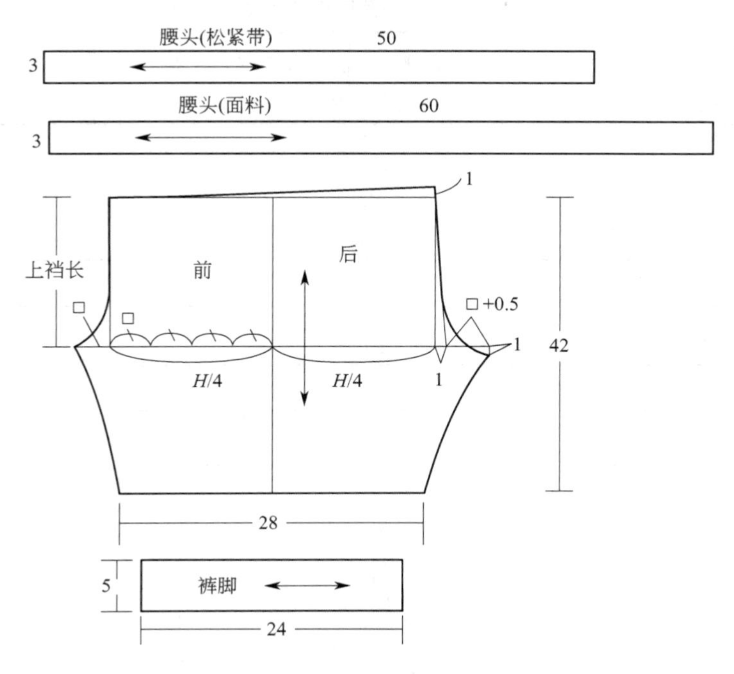

图 3-38　女童打底裤结构制图

45. 女童秋冬假两件裙裤

（1）款式说明

假两件裙裤是女童秋冬服饰主要的款式之一。本款裙裤，适合 3～4 岁、身高 100cm 左右的女童穿着。该裙裤使用纯棉面料，加绒加厚，腰头绱松紧带。

图 3-39　女童秋冬假两件裙裤款式图

（2）面料、辅料

面料：100％棉；针织布。

辅料：松紧带。

（3）成衣规格

表 3-19 女童秋冬假两件裙裤成品规格

规格＼部位	裤长	裙长	臀围	腰围(松紧带自然状态)	裤口	适合年龄
100/47	58.5	22	56	50	20	3～4 岁

（4）结构制图

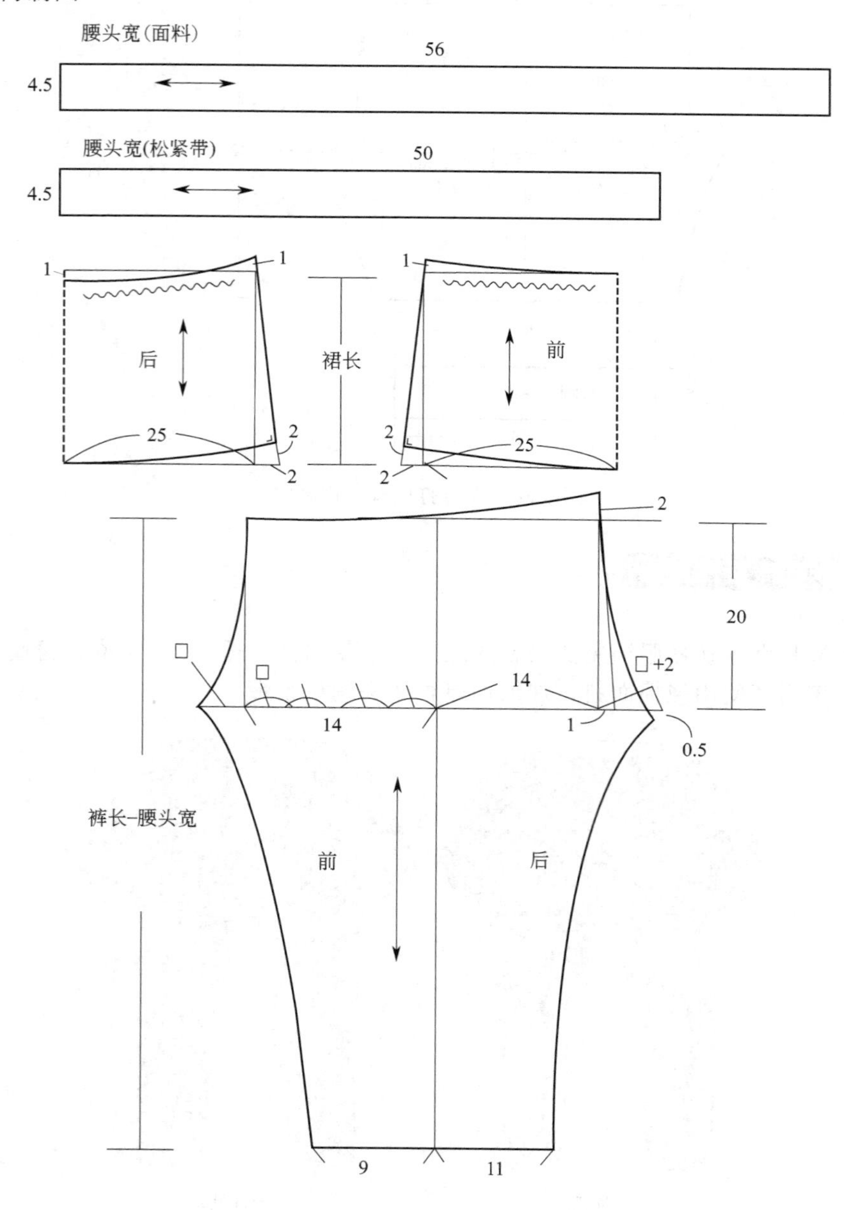

图 3-40 女童秋冬假两件裙裤结构制图

T恤及衬衫结构制图

46. 小童短袖T恤

（1）款式说明

本款T恤简洁舒适，袖口装饰荷叶边，采用肩头开口，方便小童穿脱。

正面款式

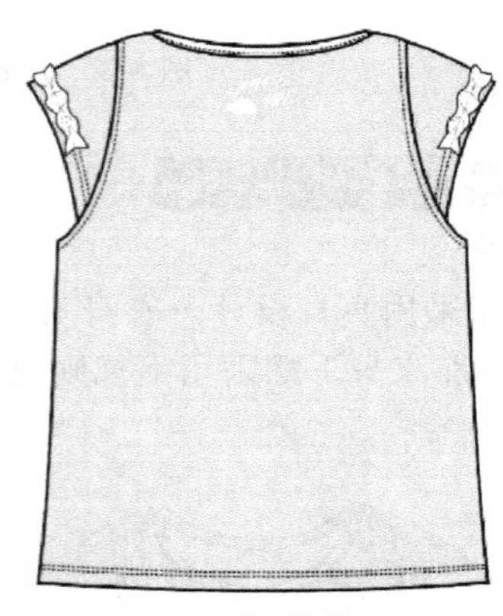

背面款式

图4-1 小童短袖T恤款式图

（2）面料、辅料

面料：全面针织汗布。

辅料：罗纹条、子母扣。

（3）成衣规格

表4-1 小童短袖T恤成衣规格

部位 规格	胸围	摆围	肩宽	衣长	袖长	年龄
90/48	52	56	21	35	6	3岁

（4）结构制图

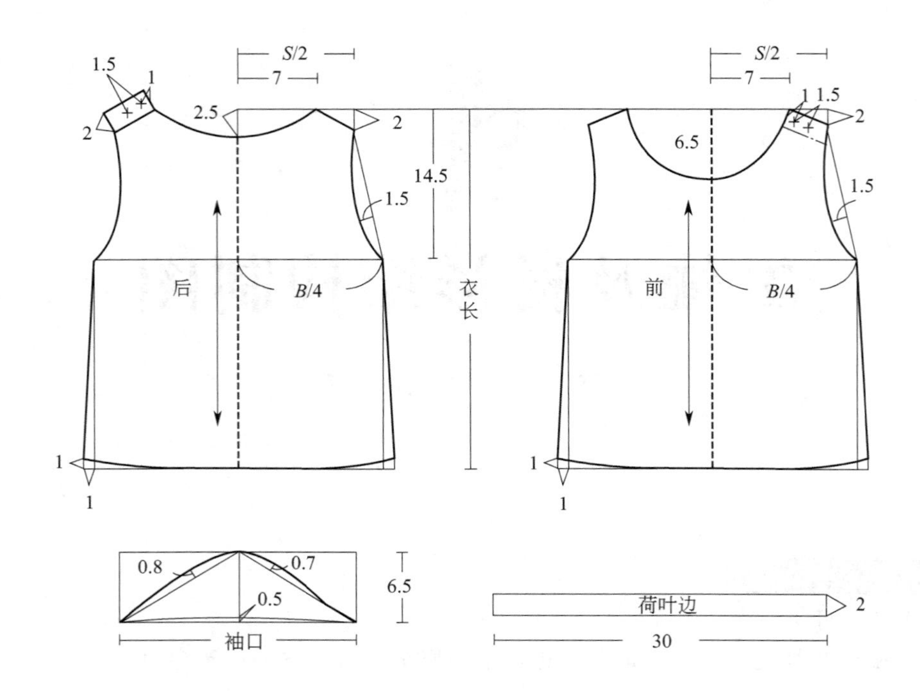

图 4-2 小童短袖 T 恤结构制图

47. 大童不规则下摆短袖 T 恤

（1）款式说明

本款短袖 T 恤采用直身设计。衣身与袖片采用不同花色的针织汗布，舒适透气，领口采用针织罗纹面料。前衣身下摆采用不规则设计。

图 4-3 大童不规则下摆短袖 T 恤款式图

（2）面料、辅料

面料：针织汗布。

辅料：针织罗纹。

（3）成衣规格

表 4-2　大童不规则下摆短袖 T 恤成衣规格

规格＼部位	后衣长	肩宽 S	胸围 B	摆围	袖口	适合年龄
160/76	53	34	80	40	28	14～15 岁

（4）结构制图

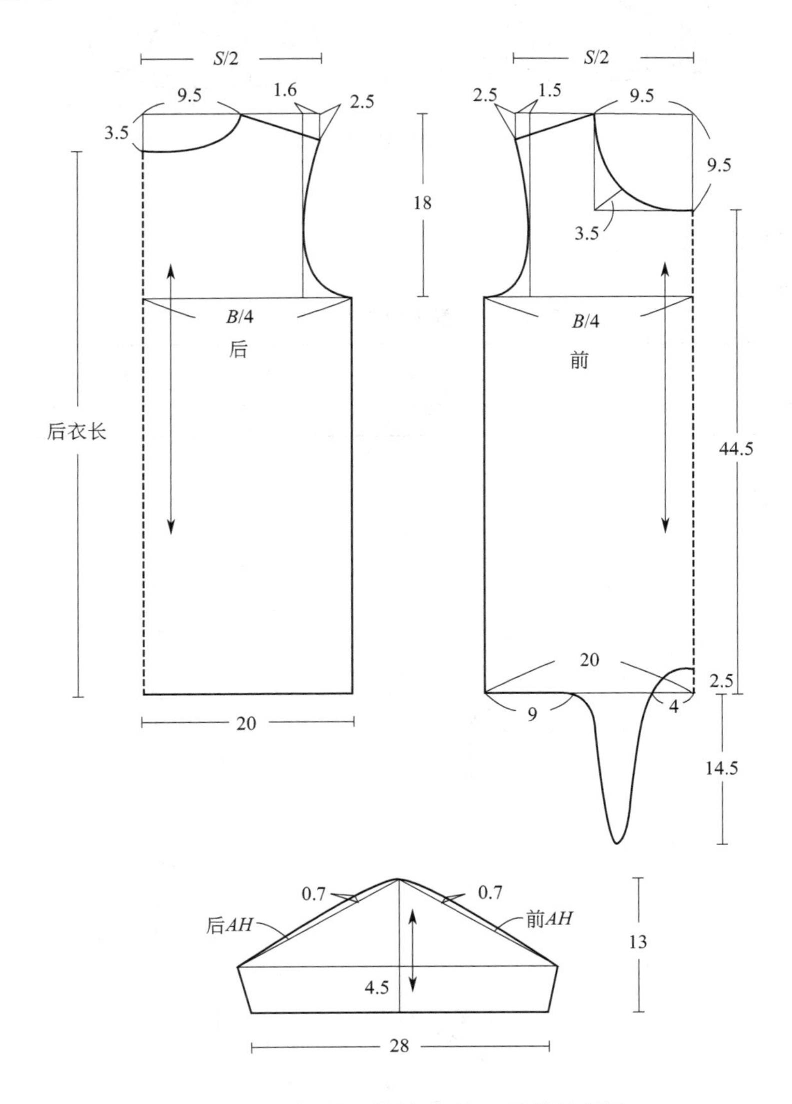

图 4-4　大童不规则下摆短袖 T 恤结构制图

48. 大童短袖 T 恤

（1）款式说明

本款短袖 T 恤采用直身设计，舒适透气，衣身与袖片采用不同色彩面料设计，袖口采用松紧收口设计。

图 4-5 大童短袖 T 恤款式图

（2）面料

面料：95.7%棉，4.3%氨纶。

（3）成衣规格

表 4-3 大童短袖 T 恤成衣规格

部位 规格	后衣长	肩宽	胸围	摆围	袖口（放松/拉伸）	适合年龄
140/68	46	31	76	38	26/36	10～11 岁

（4）结构制图

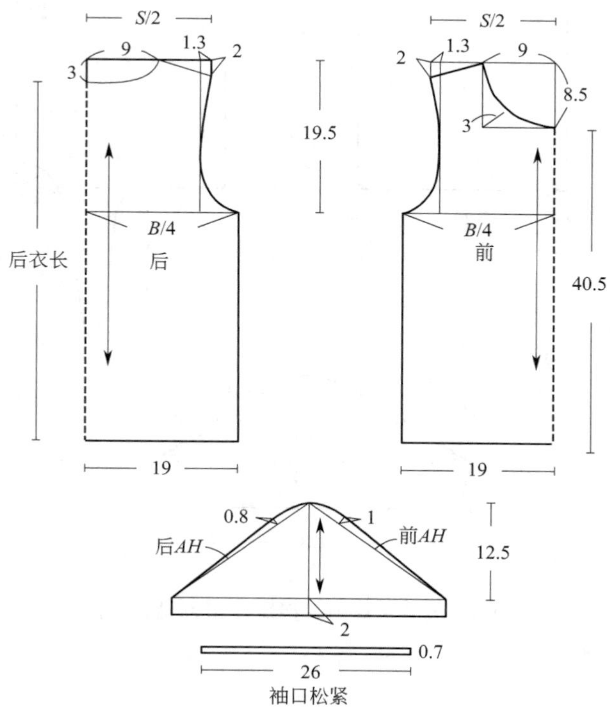

图 4-6 大童短袖 T 恤结构制图

49. 幼童短袖T恤

（1）款式说明

本款短袖T恤采用直身设计，衣身采用针织汗布，舒适透气，领子采用平领设计。

图4-7　幼童短袖T恤款式图

（2）面料、辅料

面料：针织汗布。

辅料：针织罗纹。

（3）成衣规格

表4-4　幼童短袖T恤成衣规格

部位 / 规格	后衣长	肩宽	胸围	摆围	袖口	袖长	适合年龄
90/52	40	24	66	68	20	8.5	2岁

（4）结构制图

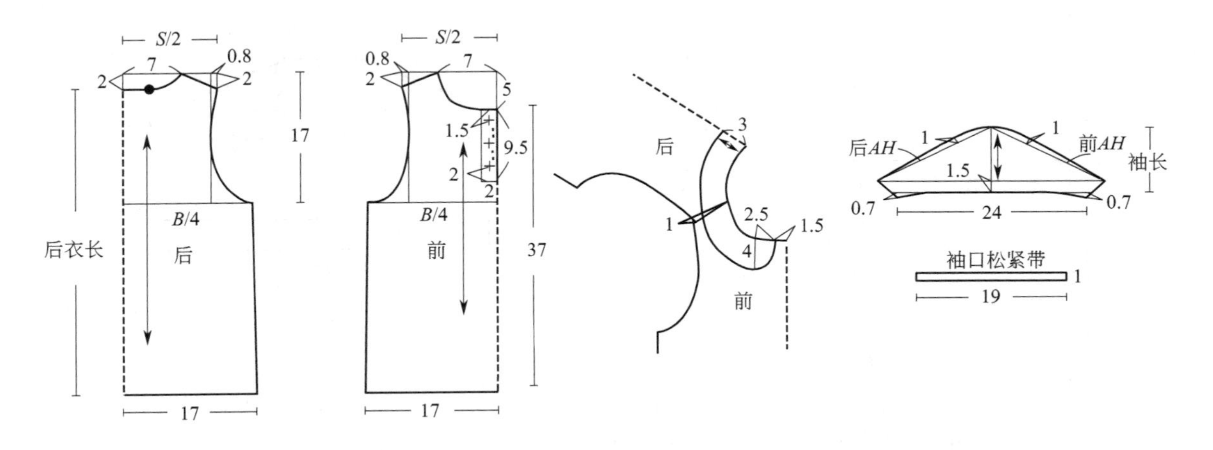

图4-8　幼童短袖T恤结构制图

50. 小童喜庆短袖

（1）款式说明

短袖是女童服饰的主要款式之一。本款为喜庆短袖，适合身高 95～105cm 的女童穿着，袖口，领口及前中镶边，一字扣设计，喜庆图案镶嵌的是中国风。

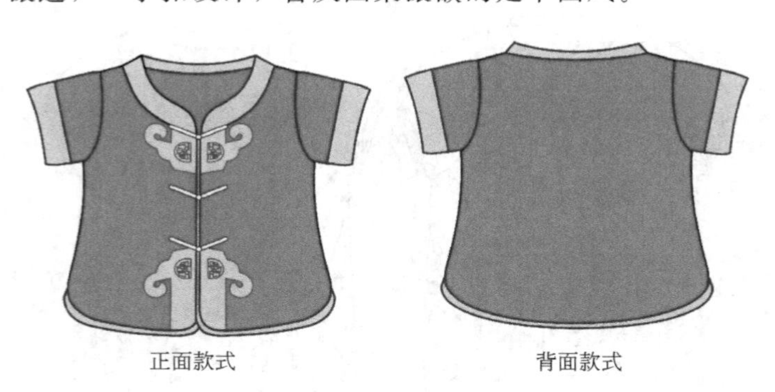

图 4-9　小童喜庆短袖款式图

（2）面料、辅料

面料：100％棉。

辅料：一字扣。

（3）成衣规格

表 4-5　小童喜庆短袖成衣规格

规格＼部位	衣长	胸围	腰围	肩宽	袖长	袖口宽	适合年龄
100/48	32	60	58	23	6	12	3～4 岁

（4）结构制图

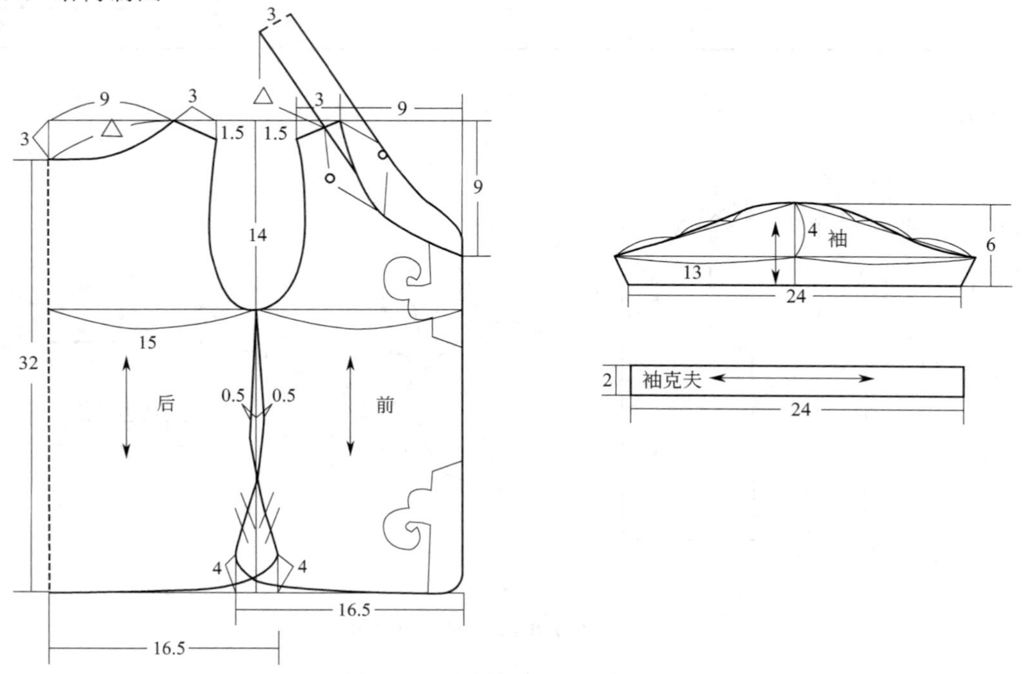

图 4-10　小童喜庆短袖结构制图

51. 中童条纹短袖

（1）款式说明

短袖是女童休闲服饰的主要款式之一。本款短袖，适合身高 115～125cm 的女童夏季穿着，袖窿处莲叶状环绕。

图 4-11　中童条纹短袖款式图

（2）面料、辅料

面料：100%棉。

辅料：无。

（3）成衣规格

表 4-6　中童条纹短袖成衣规格

规格＼部位	衣长	胸围	腰围	肩宽	适合年龄
120/56	35	58	60	21	6～7 岁

（4）结构制图

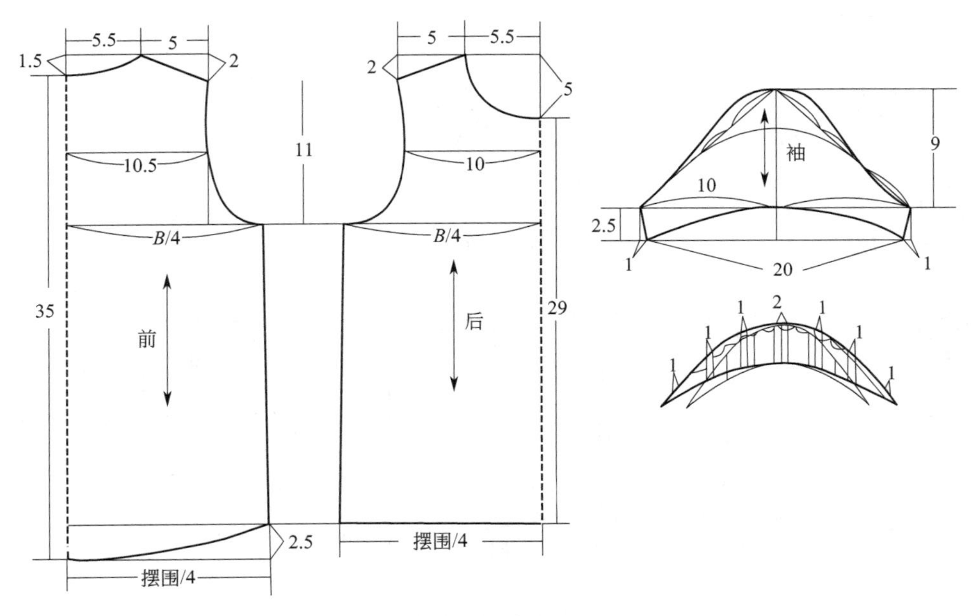

图 4-12　中童条纹短袖结构制图

52. 婴童泡泡袖短袖

(1) 款式说明

短袖是女童休闲服饰的主要款式之一。本款短袖，适合身高 65～75cm 的女童夏季穿着，正面有图案印花，衣身下摆为裙装结构。

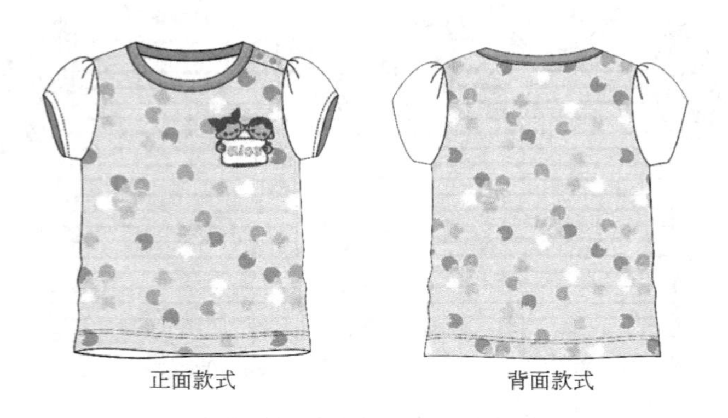

图 4-13 婴童泡泡袖短袖款式图

(2) 面料、辅料

面料：全棉针织面料。

辅料：塑料按扣。

(3) 成衣规格

表 4-7 婴童泡泡袖短袖成衣规格

规格 \ 部位	衣长	胸围	摆围	肩宽	适合年龄
70/36	28	56	66	23	0～1 岁

(4) 结构制图

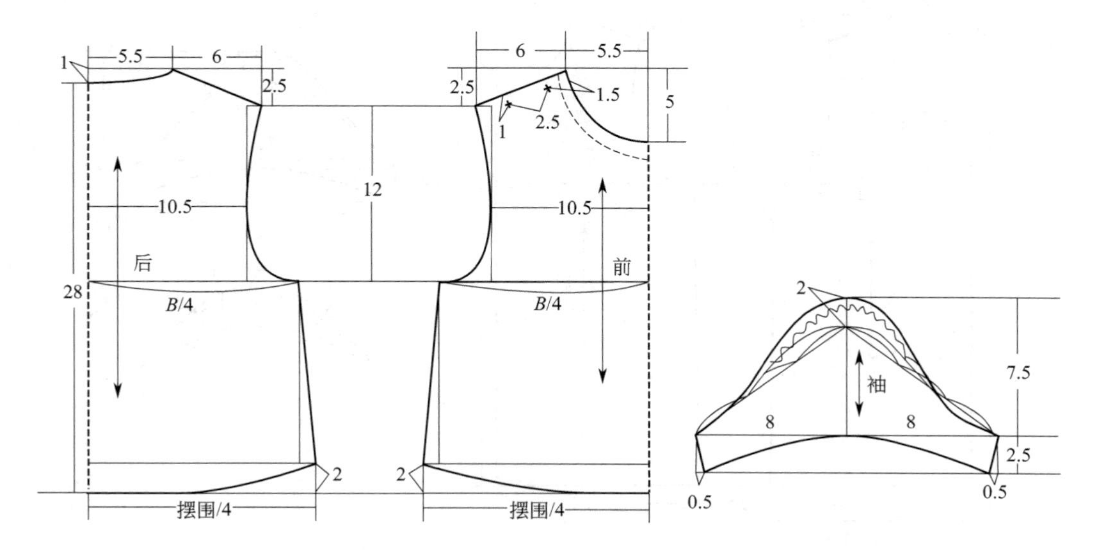

图 4-14 婴童泡泡袖短袖结构制图

53. 小童插肩长袖 T 恤

（1）款式说明

本款小童长袖 T 恤采用插肩袖设计。衣身采用针织汗布，舒适透气，衣身与袖子采用不同花色面料设计，款式时尚。

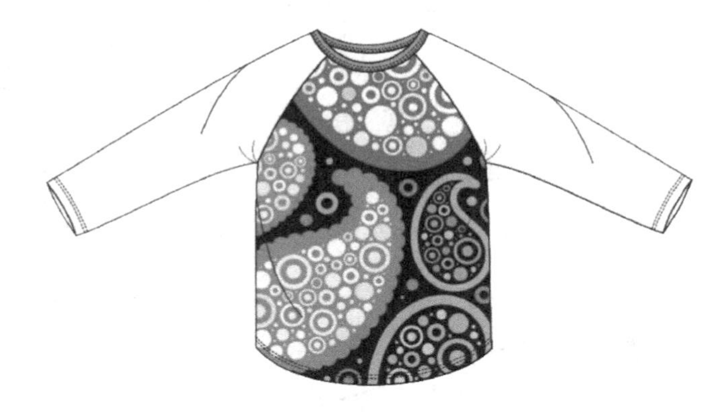

正面款式

背面款式

图 4-15　小童插肩长袖 T 恤款式图

（2）面料、辅料

面料：针织汗布。

辅料：针织罗纹。

（3）成衣规格

表 4-8　小童插肩长袖 T 恤成衣规格

部位 规格	后衣长	胸围	摆围	袖口	适合年龄
130/64	44	74	72	20	7～8 岁

（4）结构制图

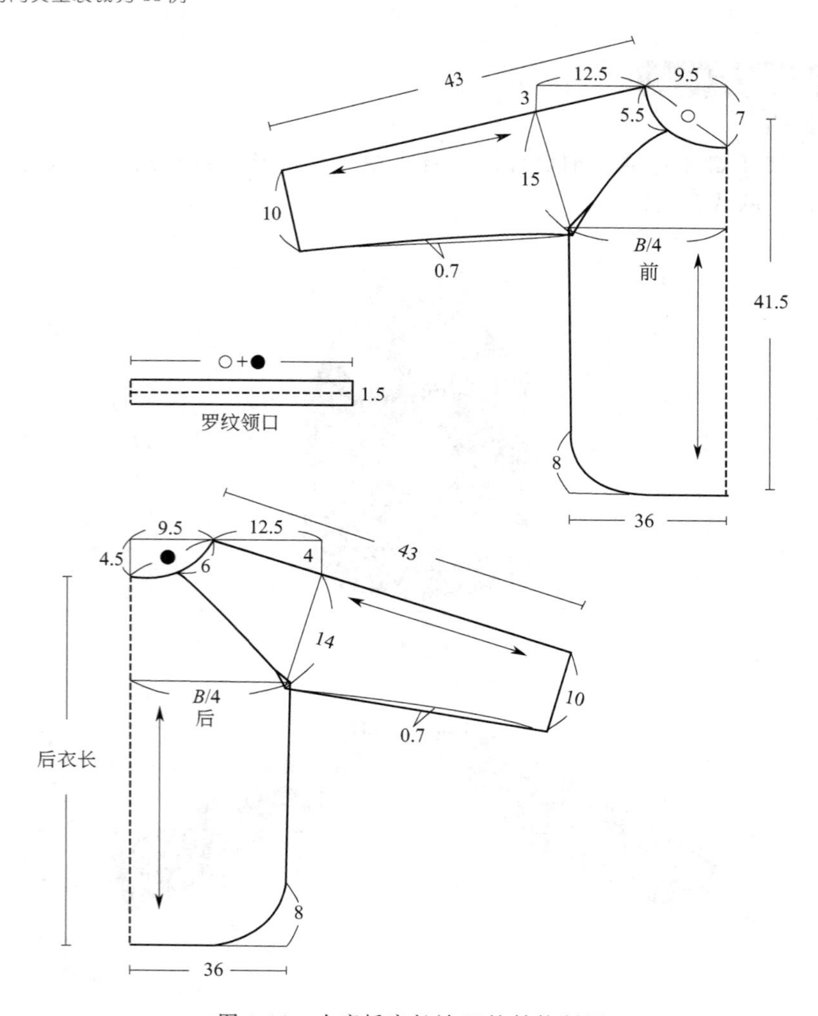

图 4-16　小童插肩长袖 T 恤结构制图

54. 小童长袖 T 恤

（1）款式说明

本款小童长袖 T 恤衣身采用全棉面料设计，袖口与下摆采用罗纹面料。

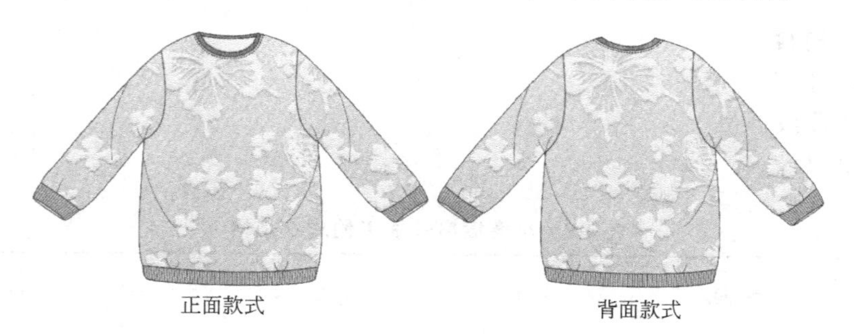

图 4-17　小童长袖 T 恤款式图

（2）面料、辅料

面料：100％棉。

辅料：针织罗纹。

（3）成衣规格

表 4-9　小童长袖 T 恤成衣规格

部位 规格	后衣长	肩宽	胸围	摆围	袖口	袖长	适合年龄
130/64	43	33	78	78	20	39	7～8 岁

（4）结构制图

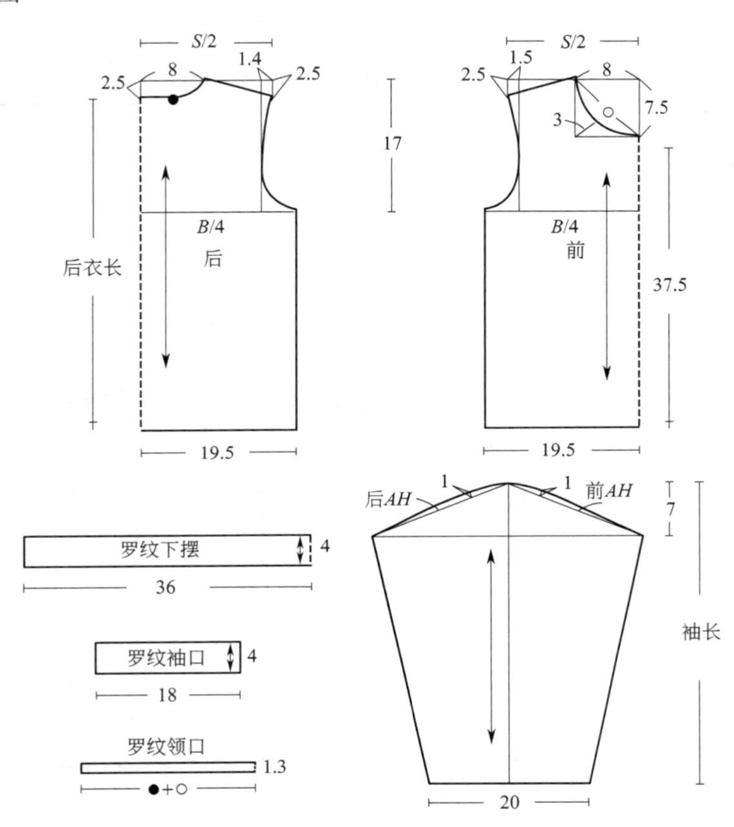

图 4-18　小童长袖 T 恤结构制图

55. 条纹衬衫

（1）款式说明

本款为衬衫属日系风格。阔领口加肩带设计，中袖，袖口缉缝 1.8cm 宽松紧带。

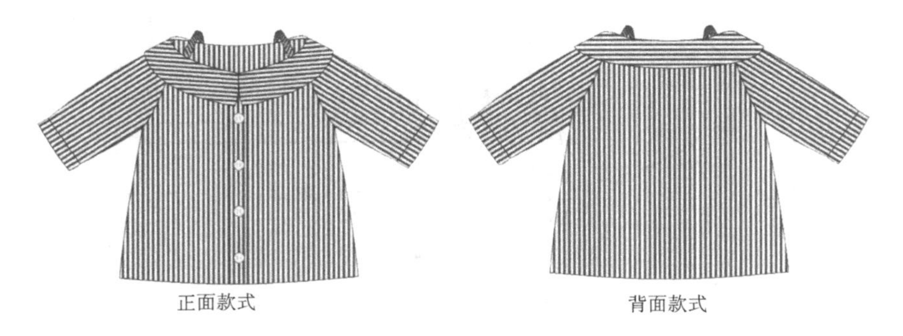

图 4-19　条纹衬衫款式图

（2）面料、辅料

面料：棉涤色织条纹。

辅料：松紧带、纽扣。

（3）成衣规格

表4-10 条纹衬衫成衣规格

规格＼部位	胸围	摆围	肩宽	后衣长	袖长	袖肥	袖口（放松/拉伸）	年龄
110/56	72	74	28	41	26	25	20/24	5～6岁

（4）结构制图

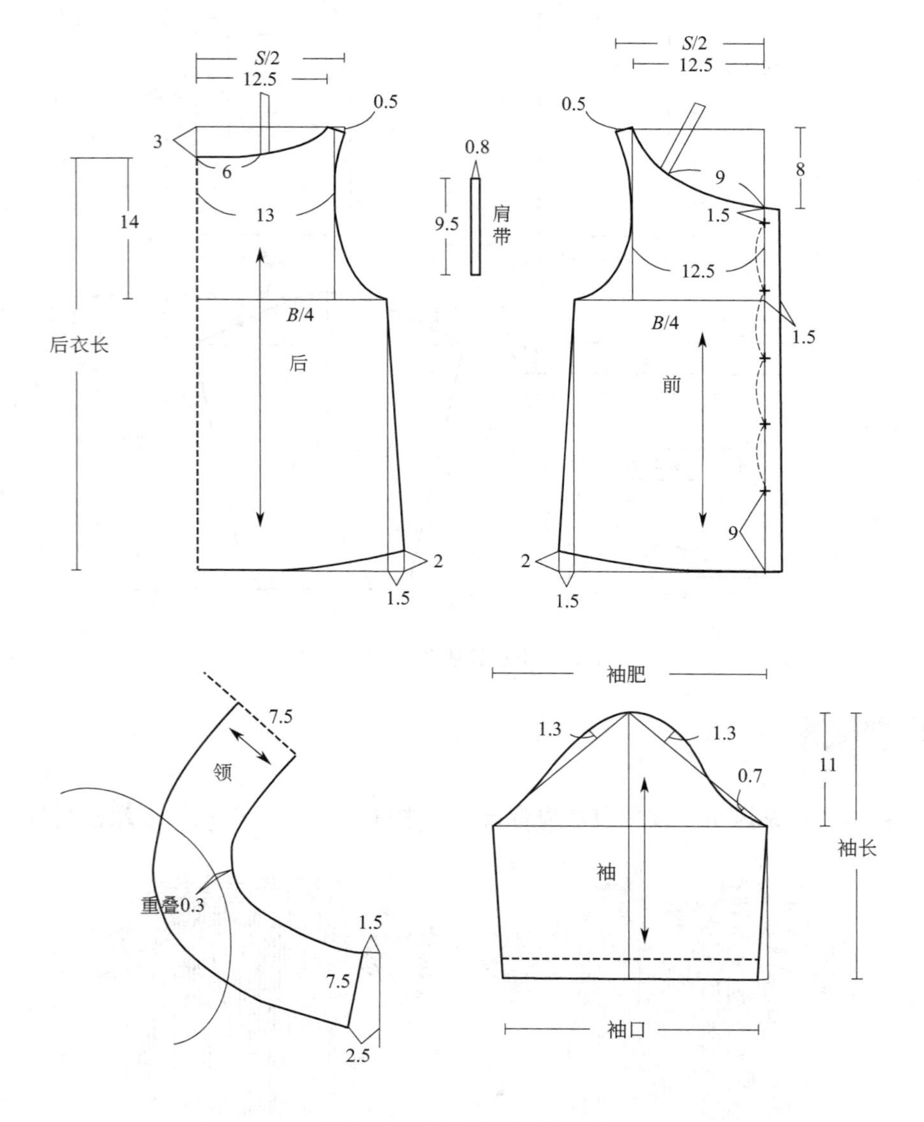

图4-20 条纹衬衫结构制图

56. 小童牛仔衬衫

（1）款式说明

本款长袖衬衫采用全棉斜纹牛仔面料，面料厚度适中，适合春秋穿着。衣身采用过肩设计，前衣片在胸袋上方有一横向分割设计。

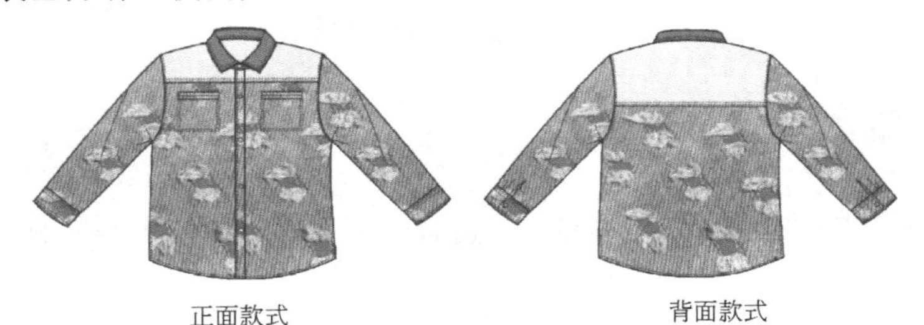

图 4-21　小童牛仔衬衫款式图

（2）面料、辅料

面料：全棉斜纹牛仔面料。

辅料：塑料纽扣。

（3）成衣规格

表 4-11　小童牛仔衬衫成衣规格

部位 规格	后衣长	肩宽	胸围	摆围	袖长	袖口	适合年龄
110/52	44	30	68	68	31	19.5	4 岁

（4）结构制图

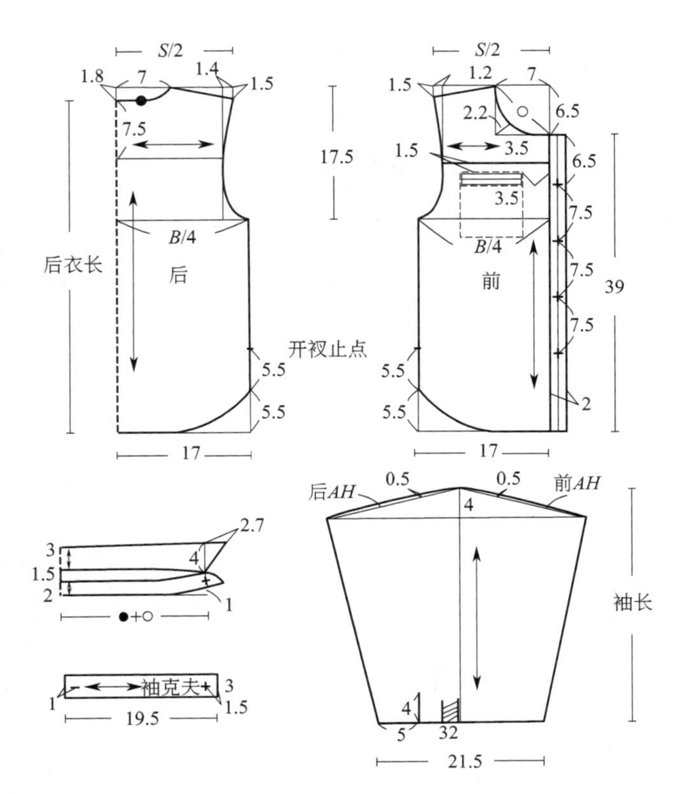

图 4-22　小童牛仔衬衫结构制图

(5) 细节图

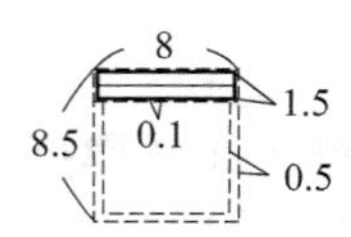

图 4-23 小童牛仔衬衫细节图

57. 小童长袖衬衫

(1) 款式说明

本款长袖衬衫采用全棉面料，面料轻薄，适合春夏穿着。前后衣身在腰部采用缩褶设计，下摆采用宽摆设计。

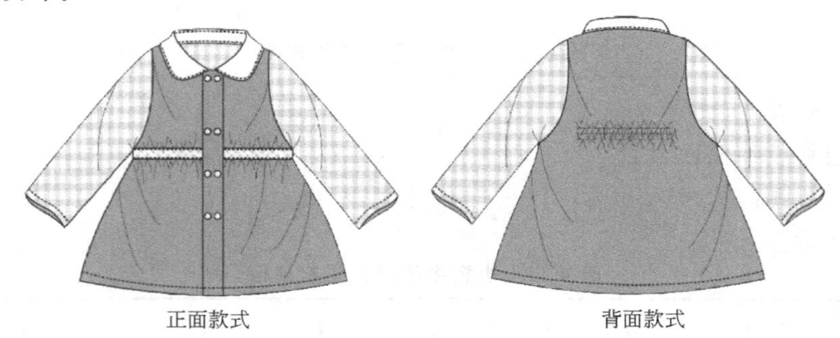

图 4-24 小童长袖衬衫款式图

(2) 面料、辅料

面料：100％棉。

辅料：塑料纽扣，松紧带。

(3) 成衣规格

表 4-12 小童长袖衬衫成衣规格

规格＼部位	后衣长	肩宽	胸围	摆围	袖长	袖口	适合年龄
115/56	42	26	86	110	34	20	5～6 岁

(4) 结构制图

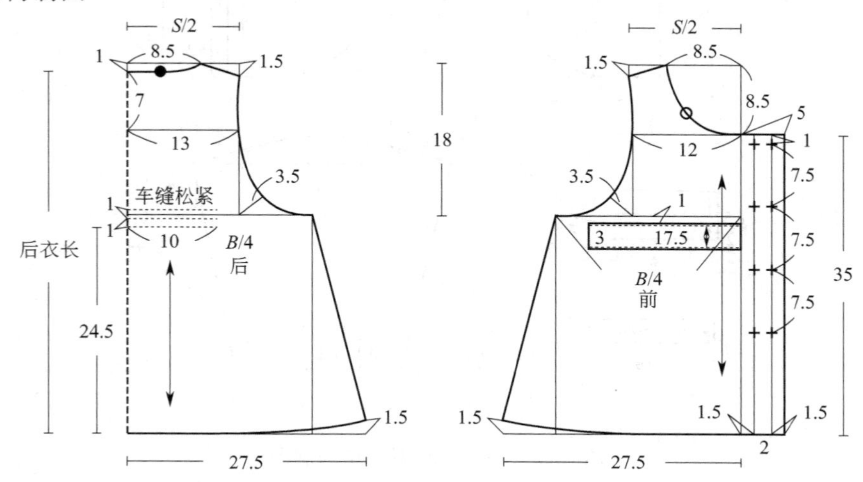

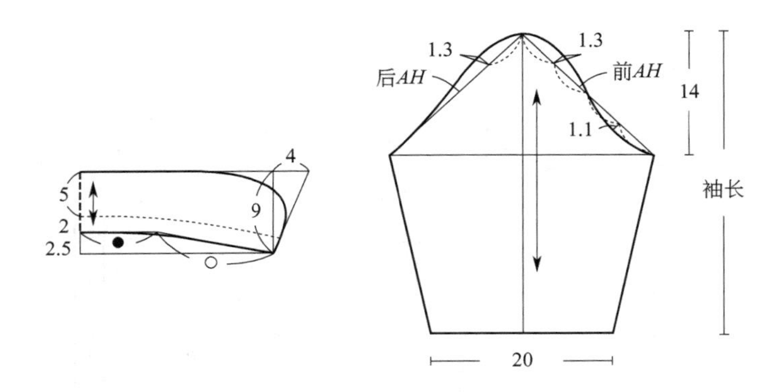

图 4-25 小童长袖衬衫结构制图

58. 卡通领上衣

(1) 款式说明

该款上衣采用卡通造型的水手领设计，整体宽松，活泼可爱。

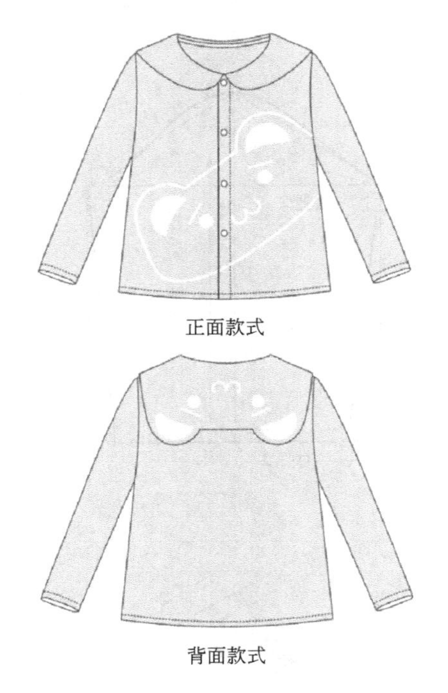

图 4-26 卡通领上衣款式图

(2) 面料

面料：全棉斜纹布。

(3) 成衣规格

表 4-13 卡通领上衣成衣规格

部位 规格	胸围	摆围	肩宽	后衣长	袖长	袖肥	袖口	适合年龄
120/56	64	72	23	37	32	26	20	5 岁

（4）结构制图

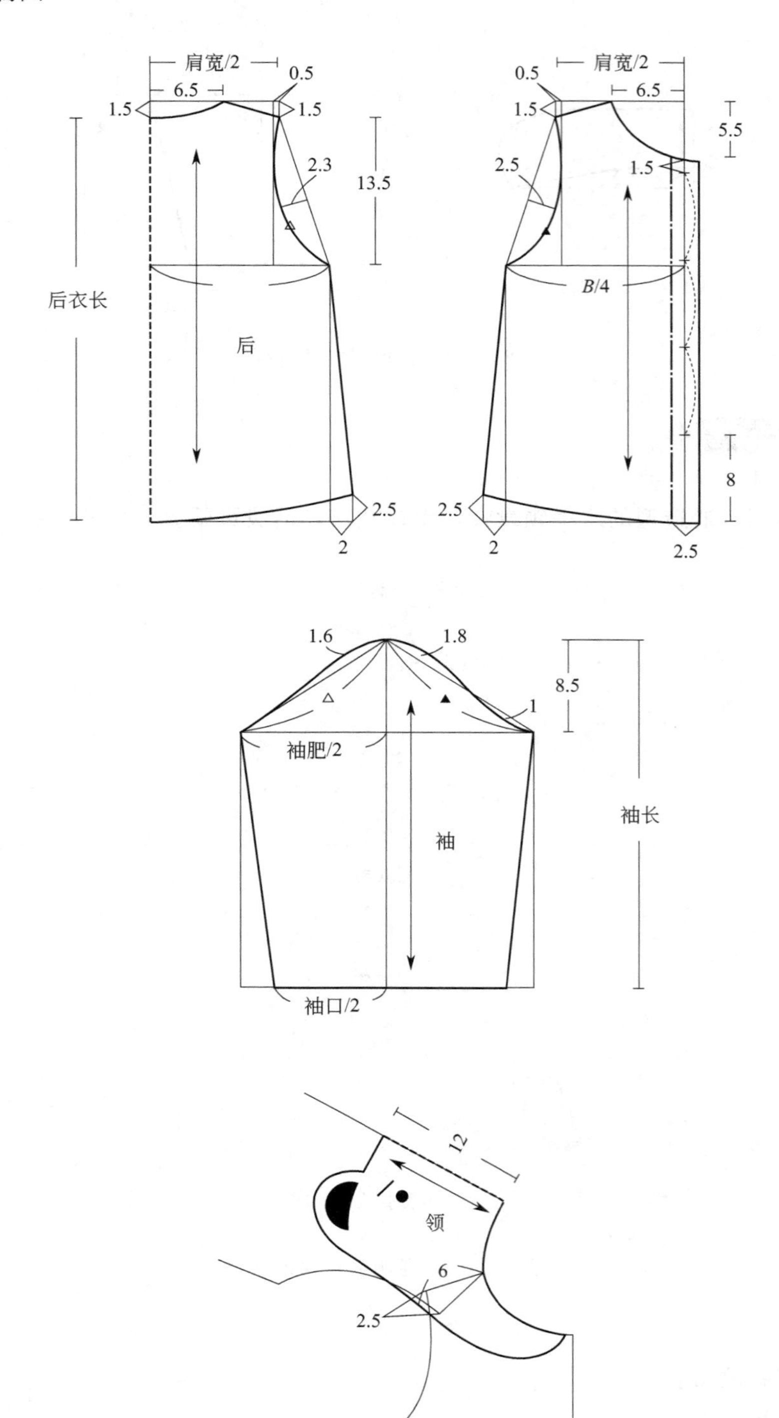

图 4-27　卡通领上衣结构制图

59. 小童圆领长袖休闲装

（1）款式说明

长袖是女童休闲服饰的主要款式之一。本款长袖，适合身高 95～105cm 的女童穿着，圆领，袖子用条纹图案。

正面款式

背面款式

图 4-28 小童圆领长袖休闲装款式图

（2）面料、辅料

面料：100％棉针织布。

辅料：罗纹领口。

（3）成衣规格

表 4-14 小童圆领长袖休闲装成衣规格

部位 规格	衣长	袖长	胸围	摆围	袖口	适合年龄
100/48	42	28	66	66	20	3～4 岁

（4）结构制图

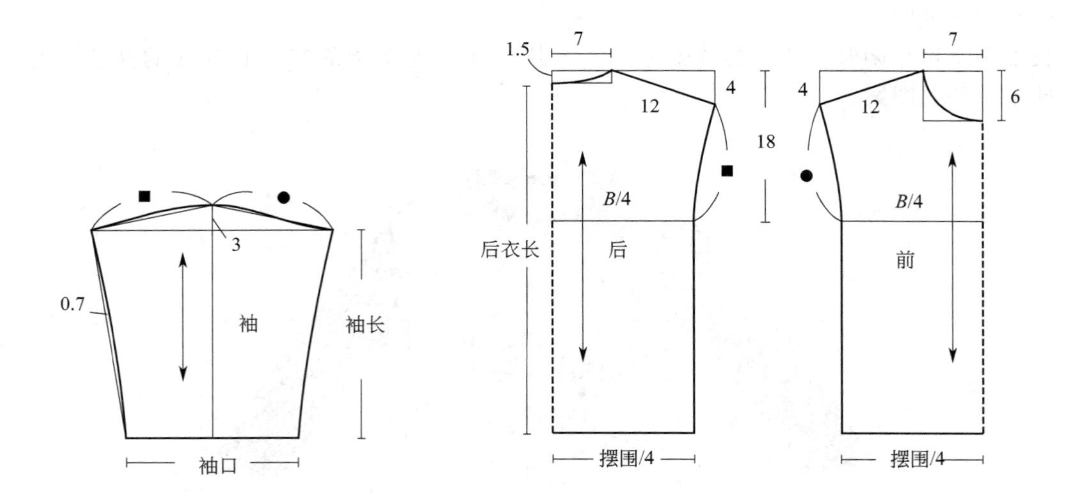

图 4-29　小童圆领长袖休闲装结构制图

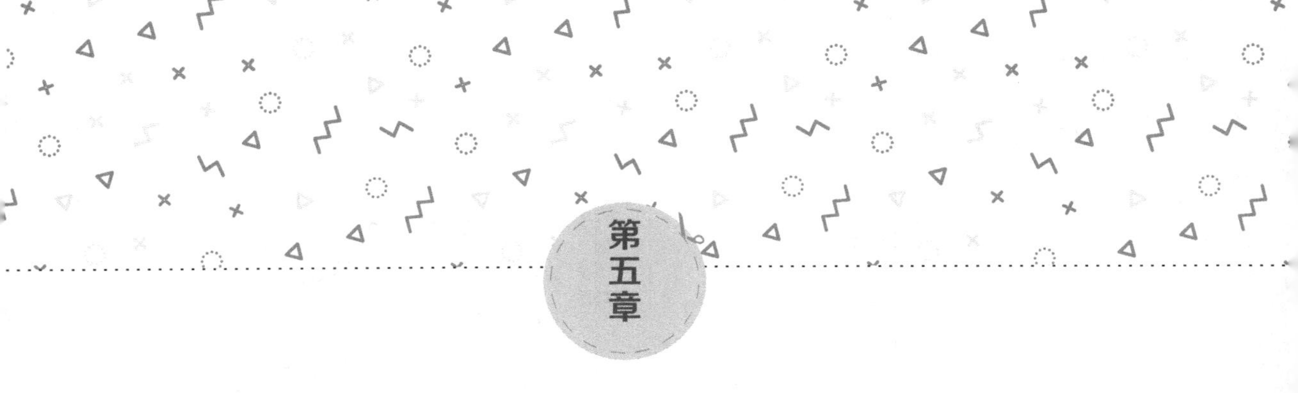

第五章

外套结构制图

60. 夹棉外套

（1）款式说明

本款外套面料采用全棉斜纹夹棉布，穿着舒适，夹棉面料增加了保暖效果。衣领和袖口处采用羊羔绒，既保暖，又可以起装饰作用。

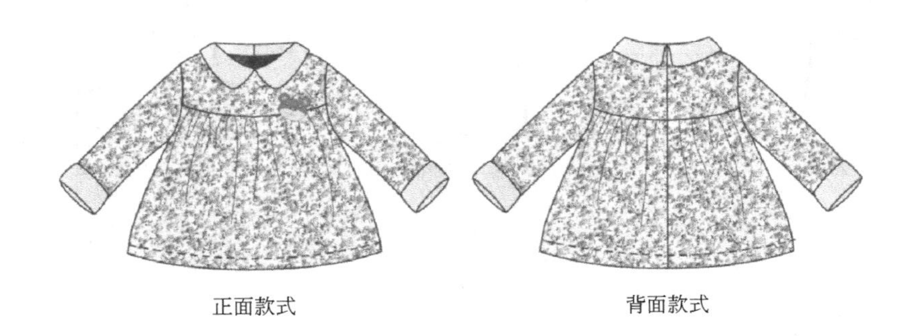

图 5-1　夹棉外套

（2）面料、里料、辅料

面料：全棉斜纹夹棉布、羊羔绒。

里料：拉毛绒、涤棉细平布。

辅料：拉链、小熊布偶、别针。

（3）成衣规格

表 5-1　夹棉外套规格

部位 规格	后衣长	肩宽	胸围	袖长	袖肥	袖口	后领宽	适合年龄
100/56	40	26	88	36	13.5	27	7	4 岁

（4）结构制图

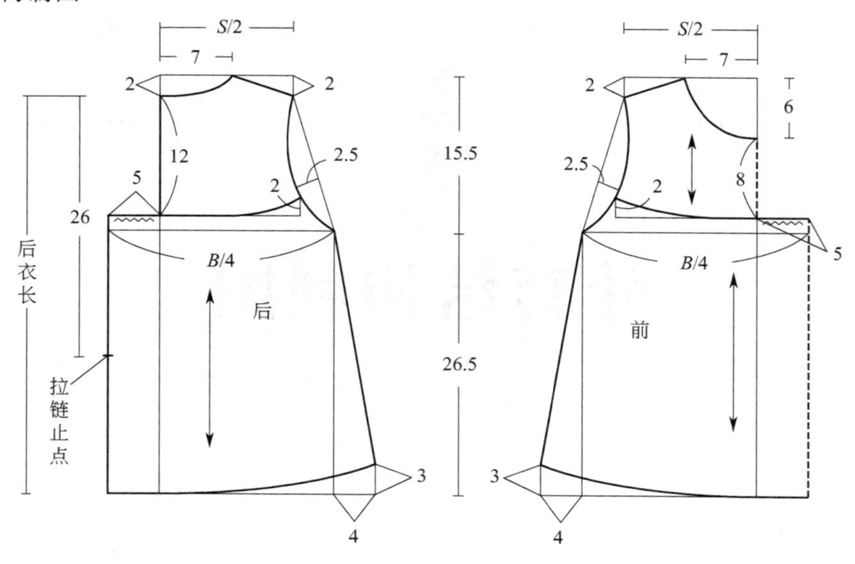

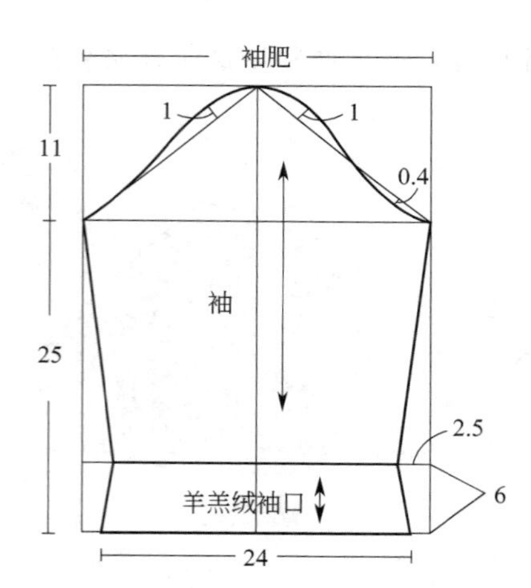

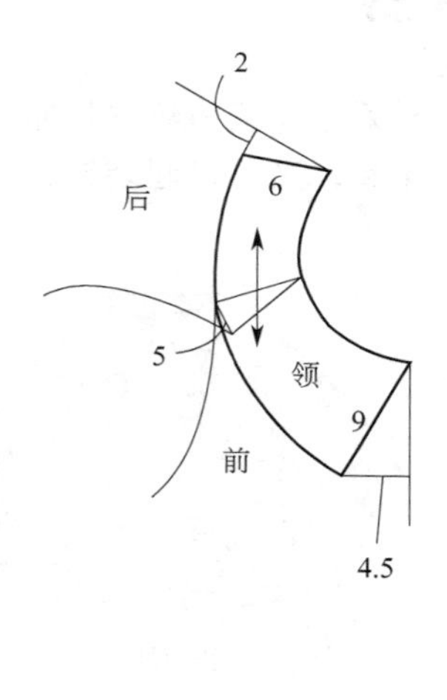

图5-2　夹棉外套结构制图

61. 小童毛呢半袖外套

（1）款式说明

小童活泼好动，半袖外套较为适合这个时期孩子的特点。毛呢面料造型挺括，配上柔软的仿毛衣领，使整件外套温暖舒适。

（2）面料、辅料

面料：混纺粗花呢。

辅料：仿毛珊瑚绒贴边，塑料子母扣。

（3）成衣规格

表5-2　小童毛呢半袖外套成衣规格

规格＼部位	胸围	摆围	肩宽	后衣长	前衣长	袖长	袖肥	袖口	适合年龄
90/52	60	88	22	36	38.5	23	26	30	9～12个月

图 5-3　小童毛呢半袖外套款式图

（4）结构制图

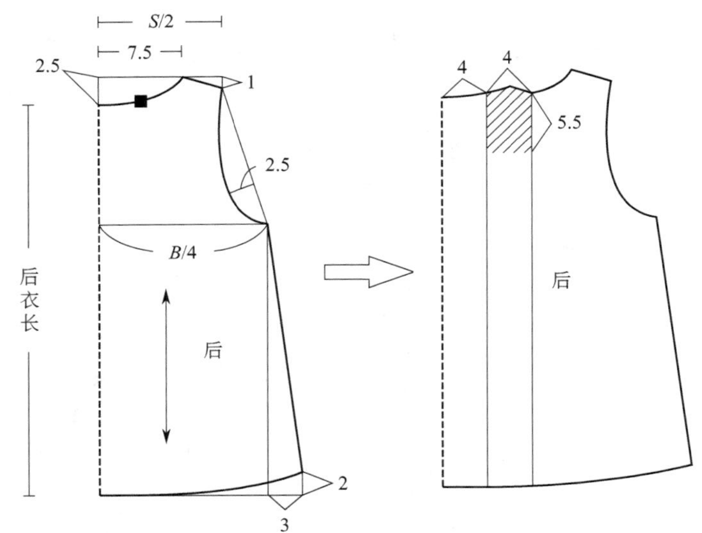

图 5-4　后片结构制图

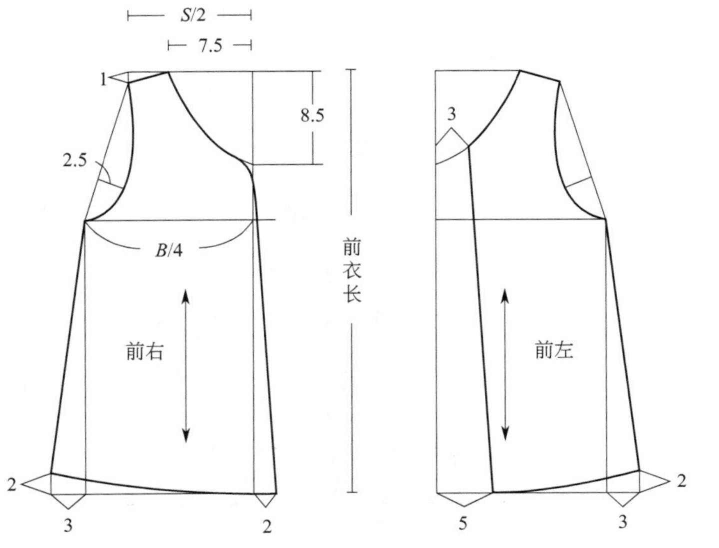

图 5-5

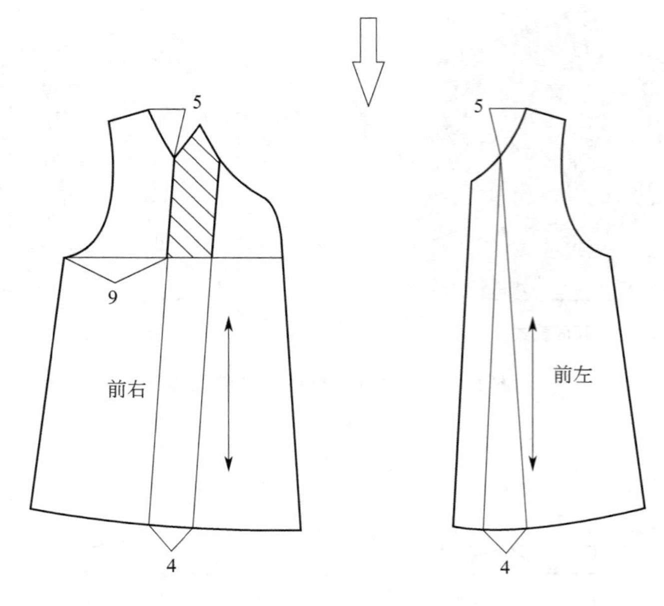

图 5-5 前片结构制图

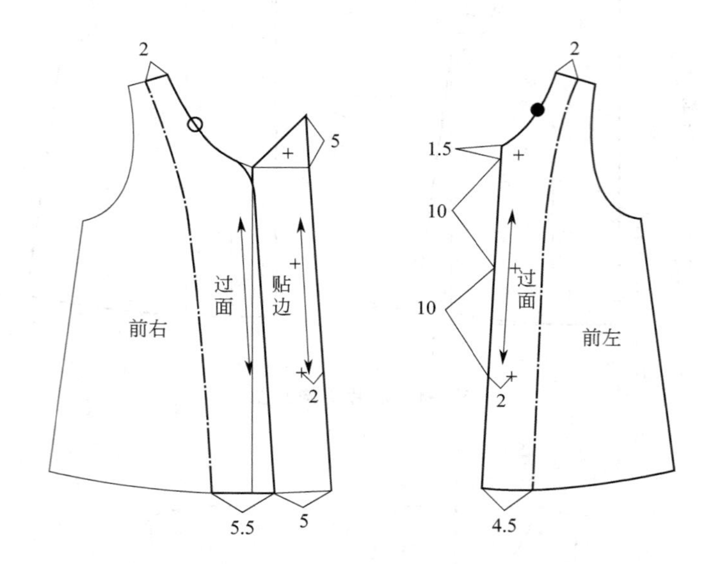

图 5-6 前片结构贴边

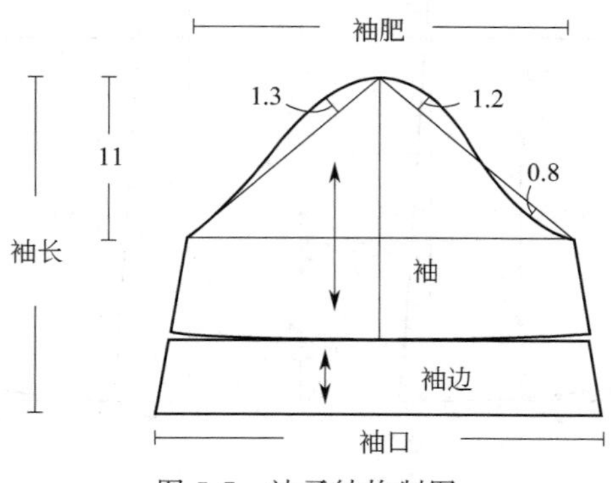

图 5-7 袖子结构制图

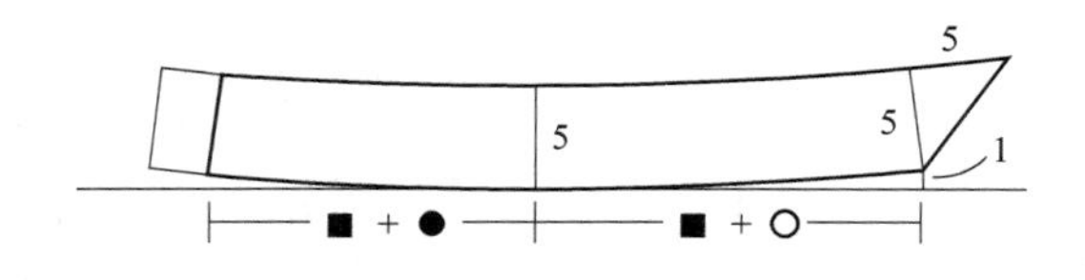

图 5-8　领子结构制图

62. 小童长袖外套

（1）款式说明

本款外套采用全棉针织面料，宽松柔软。袖口采用翻边设计，配撞色面料。前胸装饰撞色小覆肩，与袖口相呼应。

图 5-9　小童长袖外套款式图

（2）面料、辅料

面料：100%棉，针织汗布。

辅料：月牙花边、塑料纽扣。

（3）成衣规格

表 5-3　小童长袖外套成衣规格

部位 规格	胸围	摆围	肩宽	后衣长	袖长	袖肥	袖口	年龄
80/48	58	64	22	33	27	28	20	1 岁

（4）结构制图

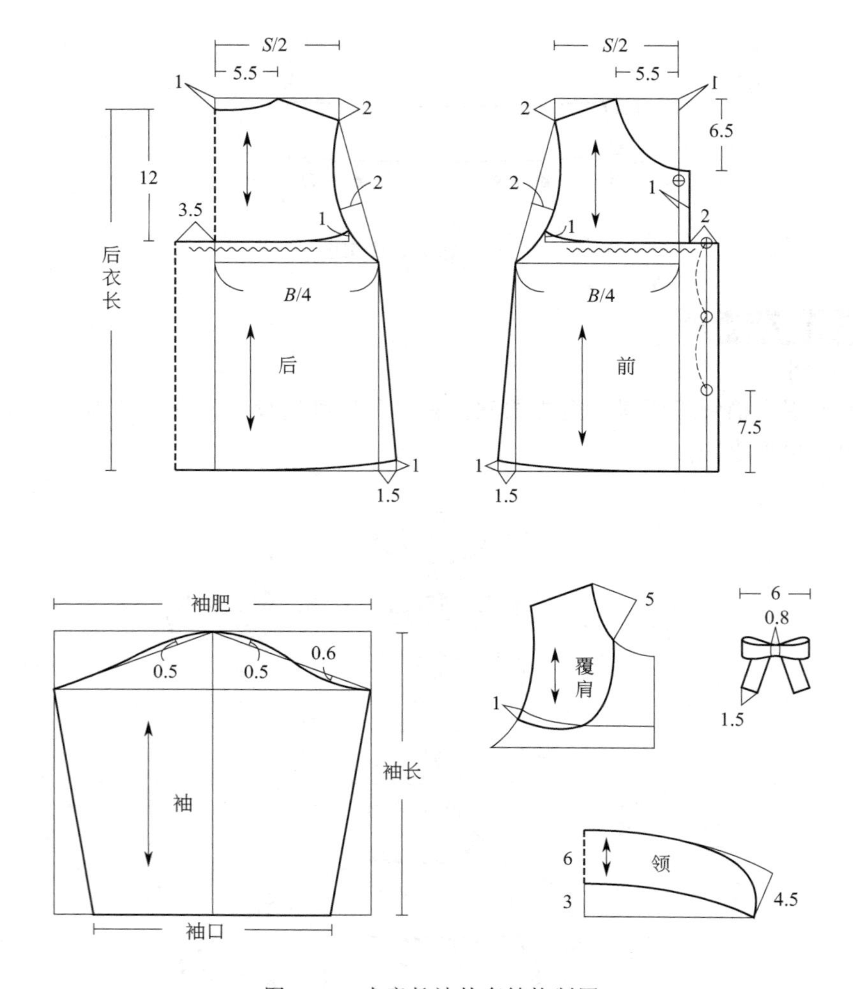

图 5-10　小童长袖外套结构制图

63. 婴儿棉外套

（1）款式说明

本款棉外套为小 A 字形廓形，袖口里口缉缝 2 条松紧线收缩袖口。口袋为单嵌线加袋盖口袋。

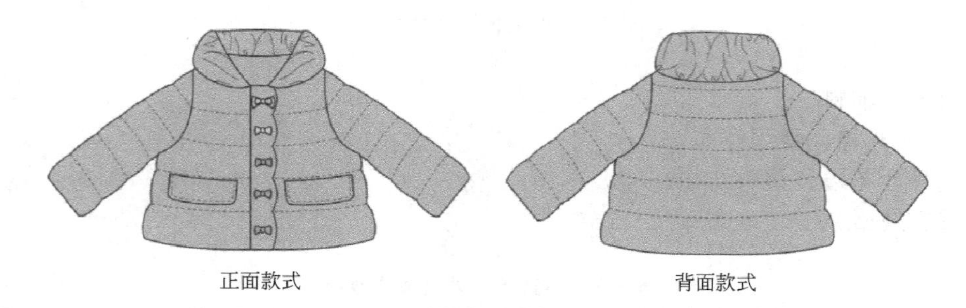

图 5-11　婴儿棉外套款式图

（2）面料、辅料

面料：桃皮绒。

辅料：塑料拉链、蝴蝶结、金属暗扣。

（3）成衣规格

表 5-4　婴儿棉外套成衣规格

部位 规格	胸围	摆围	肩宽	后衣长	袖长	袖肥	袖口	年龄
80/48	72	80	24	31	29	28	25	0～1 岁

（4）结构制图

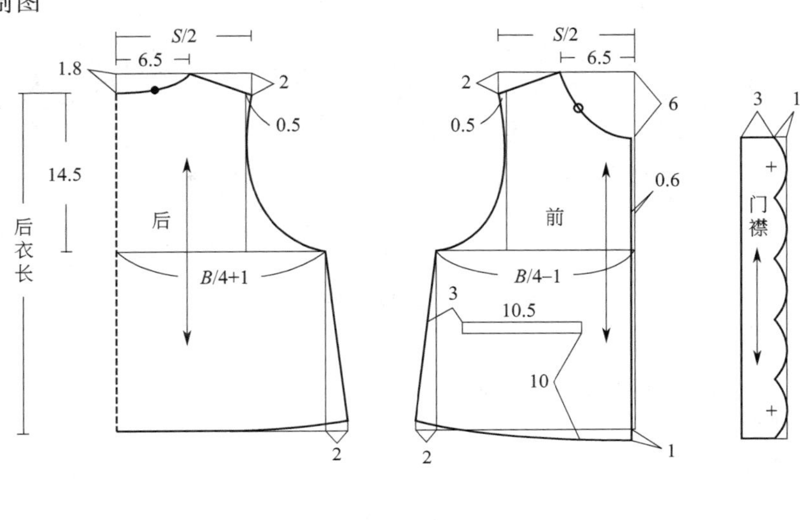

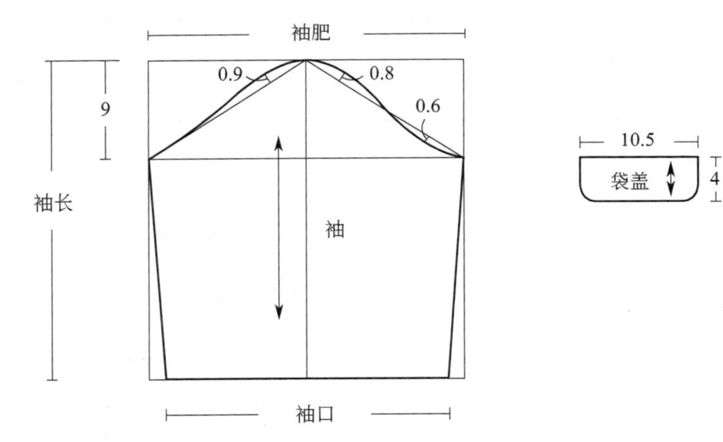

图 5-12　婴儿棉外套衣身结构制图

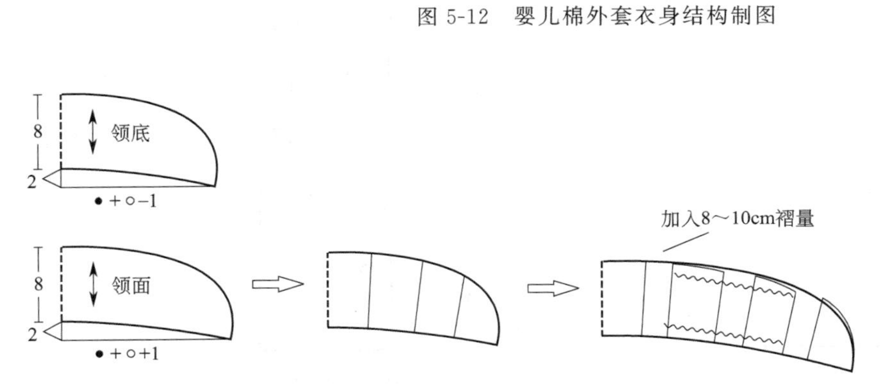

图 5-13　婴儿棉外套衣领制图

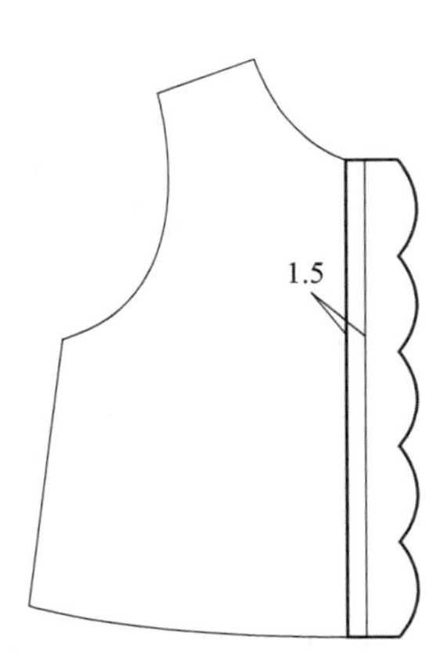

图 5-14　婴儿棉外套门襟位置图

64. 小童毛呢外套

（1）款式说明

本款外套外形为 A 形，前衣身采用刀背缝设计，暗门襟造型，美观时尚。

图 5-15 小童毛呢外套款式图

（2）面料、里料、辅料

面料/里料：绣花毛呢/聚酯纤维 100%。

辅料：塑料纽扣。

（3）成衣规格

表 5-5 小童毛呢外套成衣规格

部位 规格	后衣长	肩宽	胸围	下摆围	袖长	袖口	适合年龄
120/60	52	29	70	91	34	22	6 岁

（4）结构制图

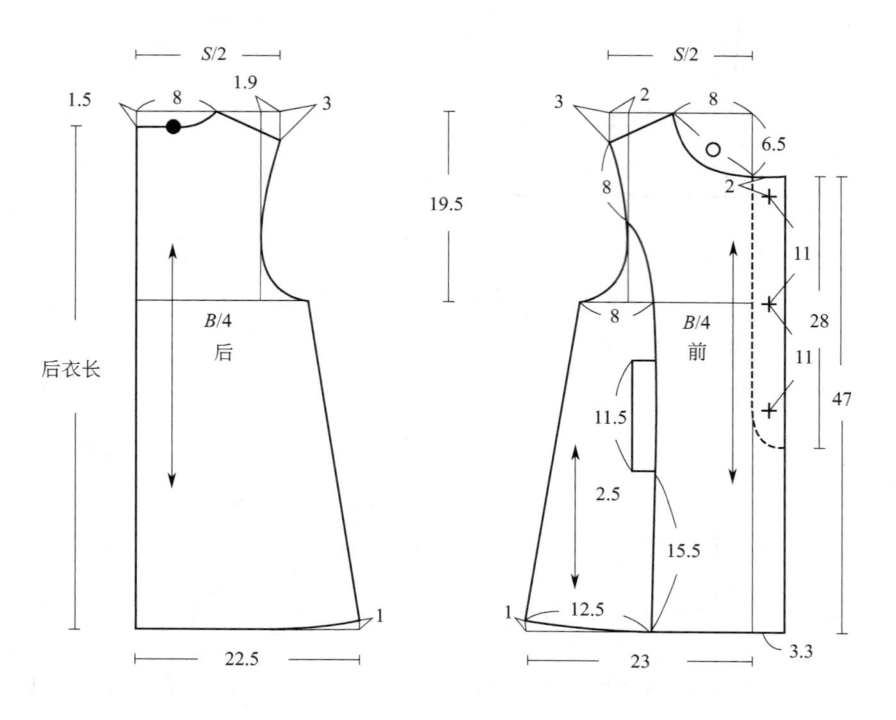

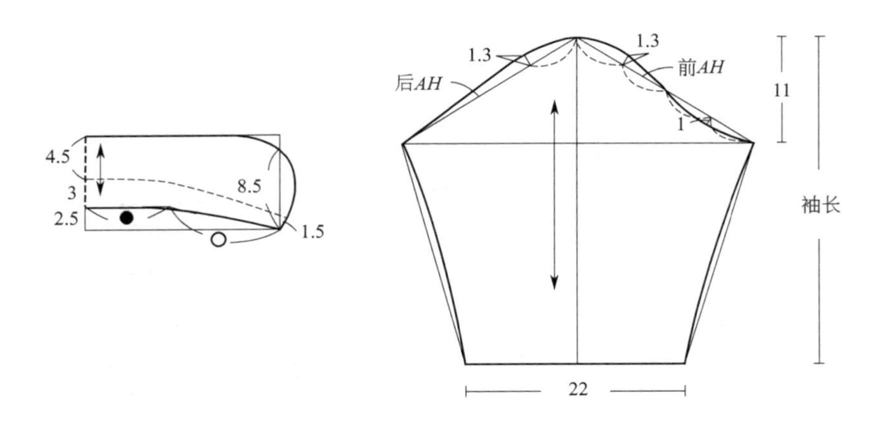

图 5-16　小童毛呢外套结构制图

65. 小童无领外套

（1）款式说明

本款外套采用毛圈面料，短款无领设计，后衣身采用刀背缝分割，前门襟下摆处采用弧线设计，美观时尚。

图 5-17　小童无领外套款式图

（2）面料、里料、辅料

面料/里料：55%毛、45%化纤/100%聚酯纤维。

辅料：塑料纽扣。

（3）成衣规格

表 5-6　小童无领外套成衣规格

部位 规格	后衣长	肩宽 S	胸围 B	下摆围	袖长	袖口	适合年龄
130/64	35	33	78	80	42	21	8 岁

（4）结构制图

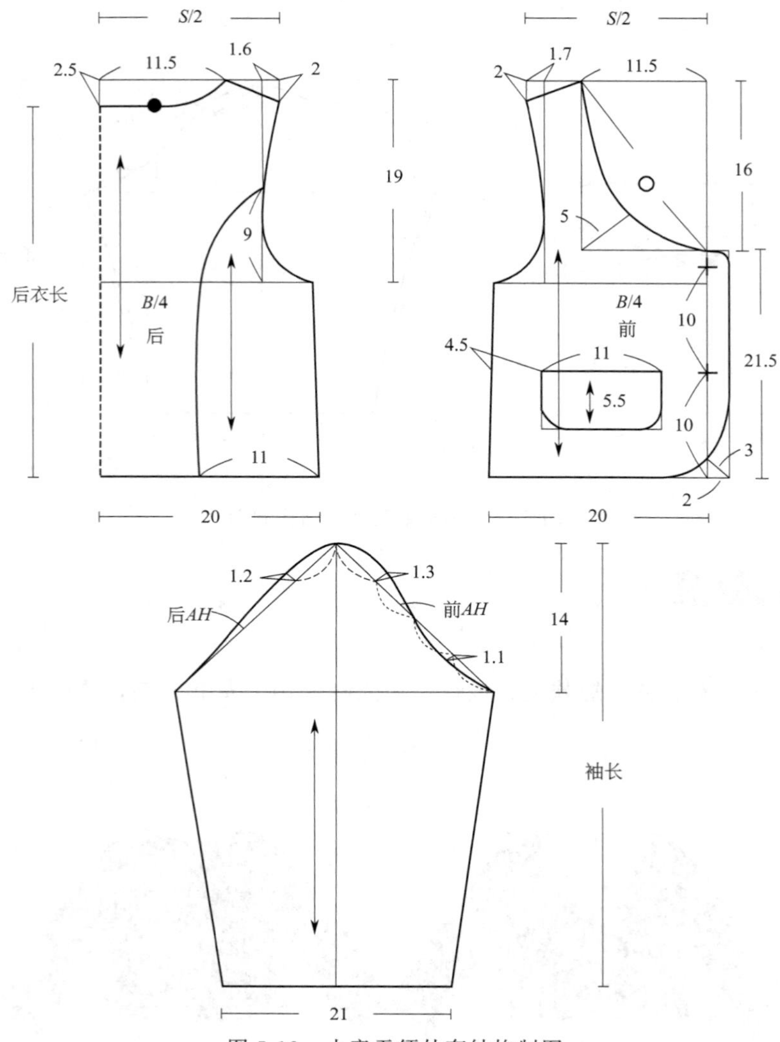

图 5-18　小童无领外套结构制图

66. 中童牛仔外套

（1）款式说明

牛仔外套是女童服饰的主要款式之一。本款牛仔外套，适合身高 80～90cm 的女童穿着，胸前有两个口袋盖，立领，是采用后背分割的休闲服饰。

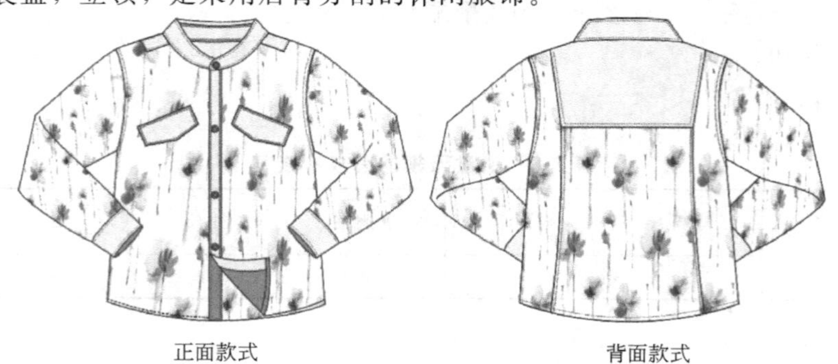

图 5-19　中童牛仔外套款式图

（2）面料、辅料

面料：95%棉，5%氨纶，牛仔面料。

辅料：纽扣。

（3）成衣规格

表 5-7　中童牛仔外套成衣规格

规格＼部位	衣长	胸围	摆围	肩宽	袖长	袖口	适合年龄
90/52	35	68	68	31	21	18	2～3 岁

（4）结构制图

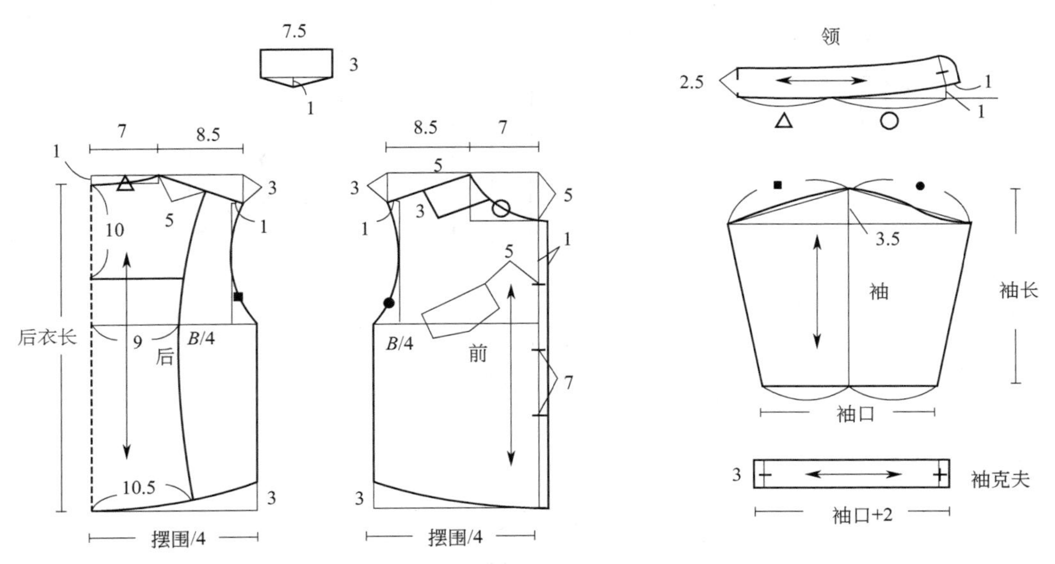

图 5-20　中童牛仔外套结构制图

67. 小童太空棉夹克

（1）款式说明

本款冬装为夹克款，袖口为假两层设计，内层为罗纹口。下摆采用松紧带收紧，帽子可脱卸。

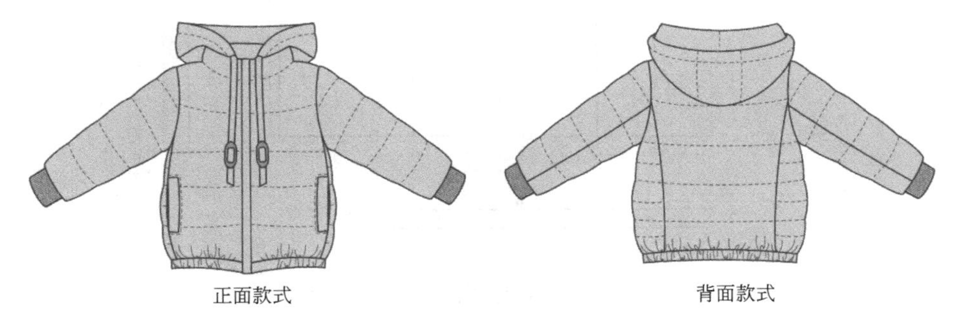

图 5-21　小童太空棉夹克款式图

（2）面料、辅料

面料：涤纶树皮皱。

辅料：针织双螺纹、塑料拉链、1cm 宽织带、牛皮绳扣。

（3）成衣规格

表 5-8　小童太空棉夹克成衣规格

规格＼部位	胸围	摆围	肩宽	后衣长	袖长	袖肥	袖口	年龄
100/52	76	76	32	41	34	30	24	2～3 岁

（4）结构制图

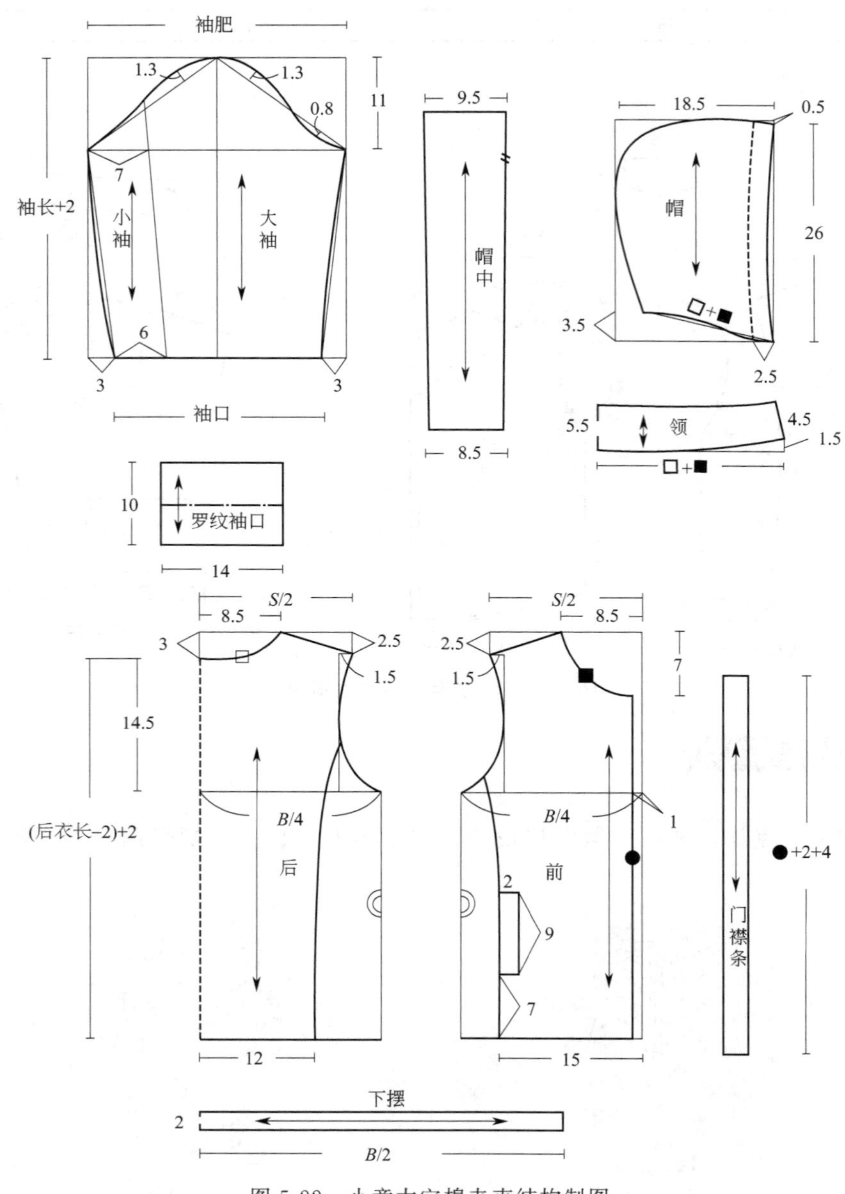

图 5-22　小童太空棉夹克结构制图

68. 大童夹克

（1）款式说明

本款夹克面料轻薄，适合春秋两季穿着，领口和下摆部位采用针织罗纹面料。前片采用过肩设计，口袋为插袋设计。

图 5-23 大童夹克款式图

（2）面料、辅料

面料：化纤。

辅料：针织罗纹、塑料纽扣。

（3）成衣规格

表 5-9 大童夹克成衣规格

规格＼部位	后衣长	肩宽	胸围	摆围	袖长	适合年龄
160/76	52	38	92	90	52	14～15 岁

（4）结构制图

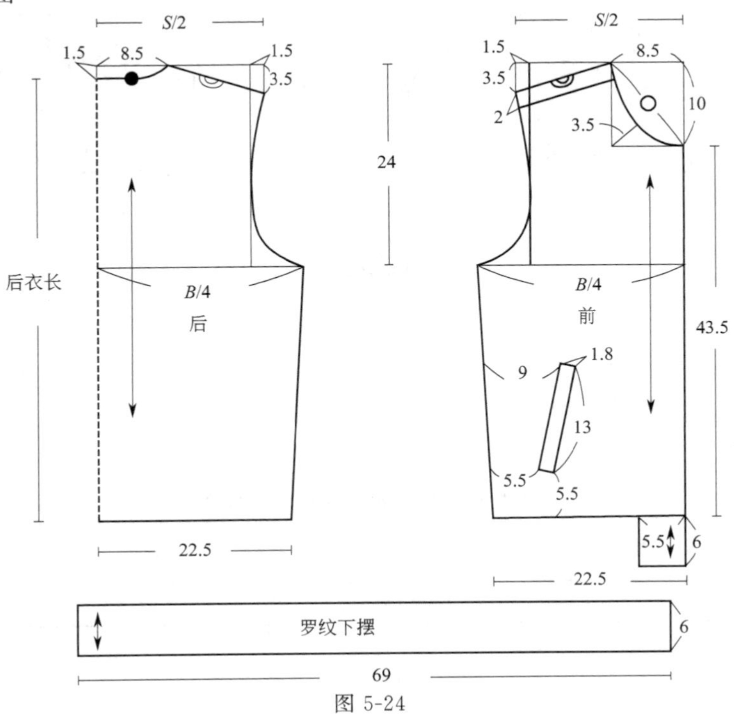

图 5-24

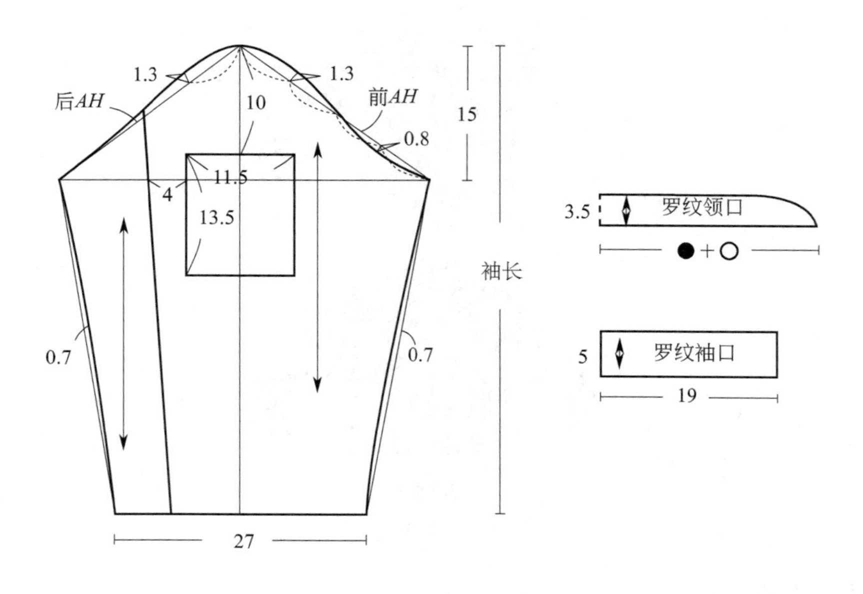

图 5-24　大童夹克结构制图

69. 婴儿长袖开衫

（1）款式说明

本款开衫采用全面针织面料，柔软舒适，吸汗透气。袖口及下摆采用罗纹面料，方便婴儿穿脱，前胸装饰撞色蝴蝶结，显得活泼可爱。

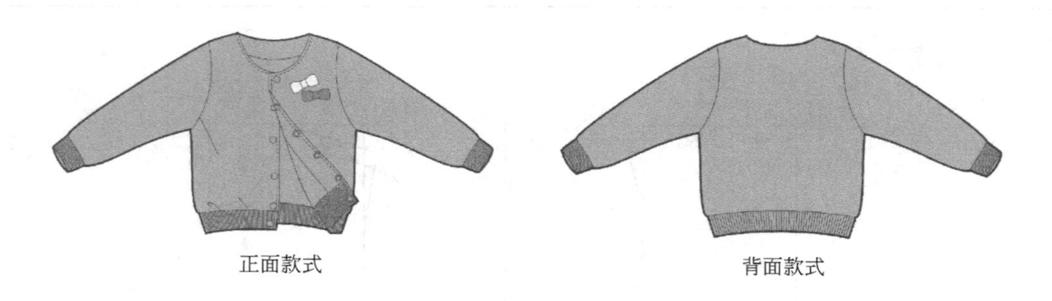

图 5-25　婴儿长袖开衫款式图

（2）面料、辅料

面料：针织卫衣布、罗纹口。

辅料：蝴蝶结、塑料子母扣。

（3）成衣规格

表 5-10　婴儿长袖开衫成衣规格

部位 规格	胸围	摆围	肩宽	衣长	袖长	袖肥	袖口	年龄
73/48	60	48	23	24	26	26	13	0～1岁

（4）结构制图

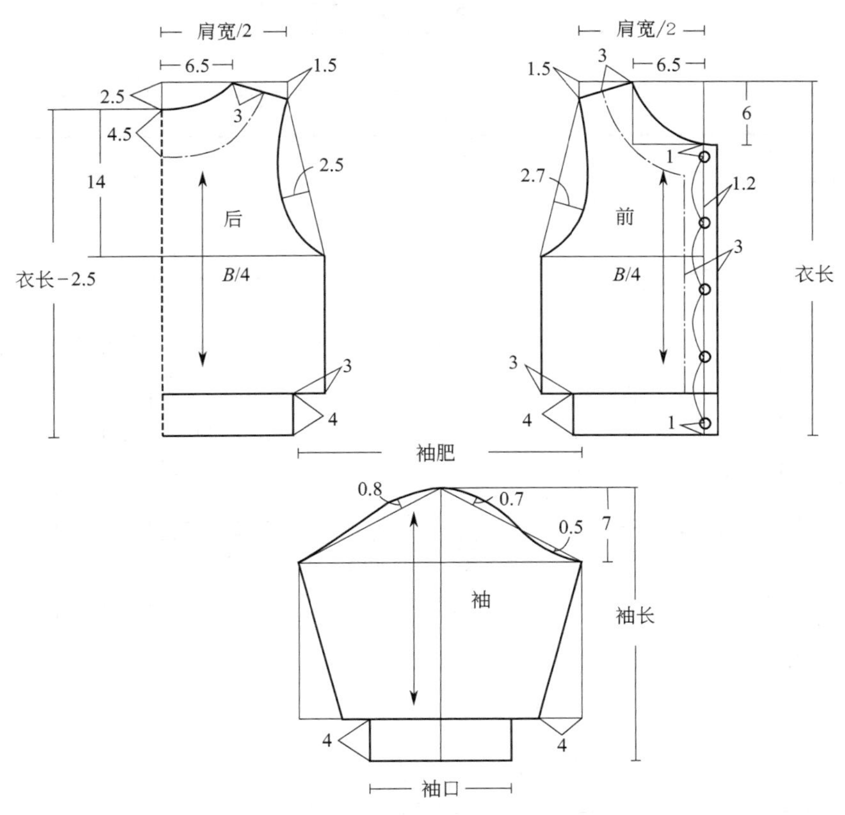

图 5-26 婴儿长袖开衫结构制图

70. 中童夹棉大衣

(1) 款式说明

本款大衣为夹里设计，保暖性好，适合冬季外出穿着。袖子为假两层设计，衣领加配可脱卸毛领。

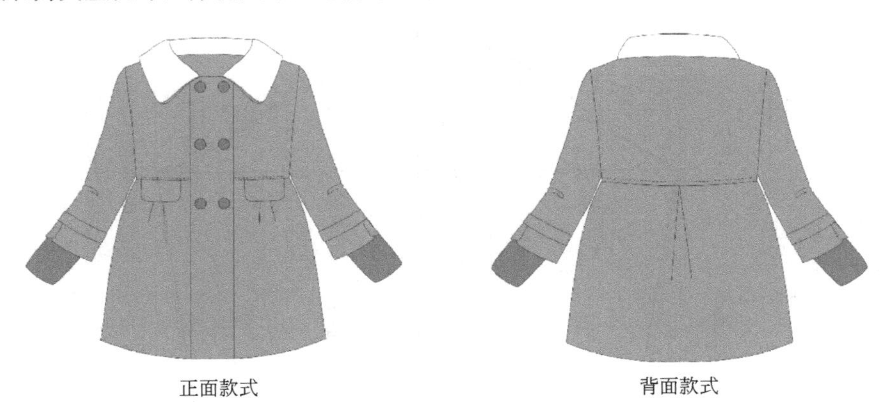

图 5-27 中童夹棉大衣款式图

(2) 面料、里料、辅料

面料：大衣呢。

里料：绗缝真空棉、涤纶绸。

辅料：人造毛皮、缎带、纽扣。

(3) 成衣规格

表 5-11 中童夹棉大衣成衣规格

部位 规格	胸围	摆围	肩宽	后衣长	袖长	袖肥	袖口	年龄
120/56	88	128	33	60	50	36	28	7～8 岁

（4）结构制图

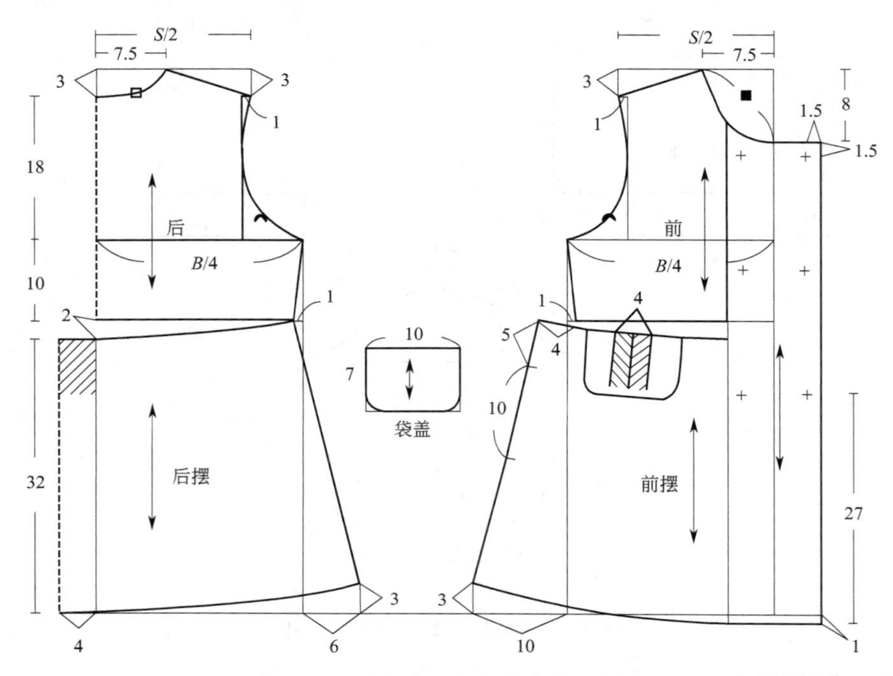

图 5-28 中童夹棉大衣衣身结构制图

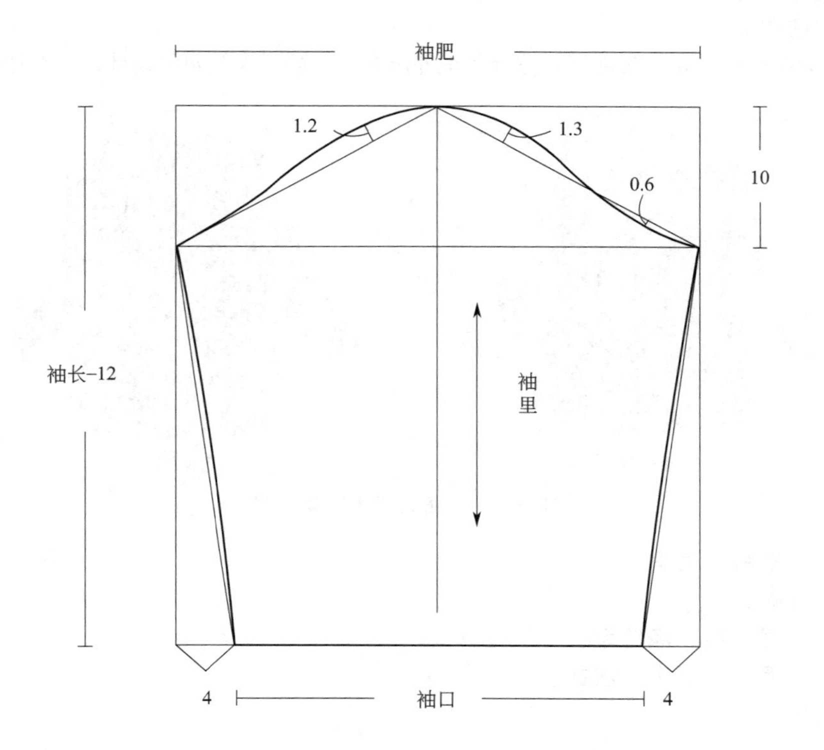

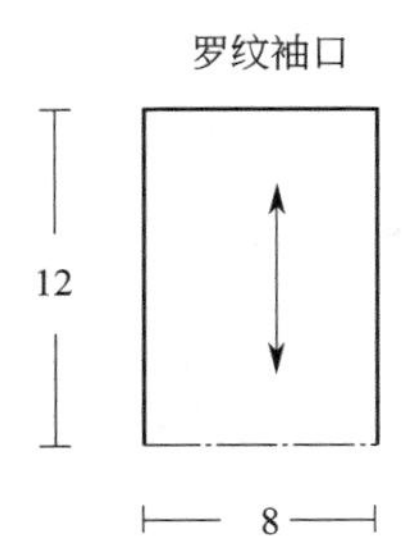

图 5-29　中童夹棉大衣袖子结构制图

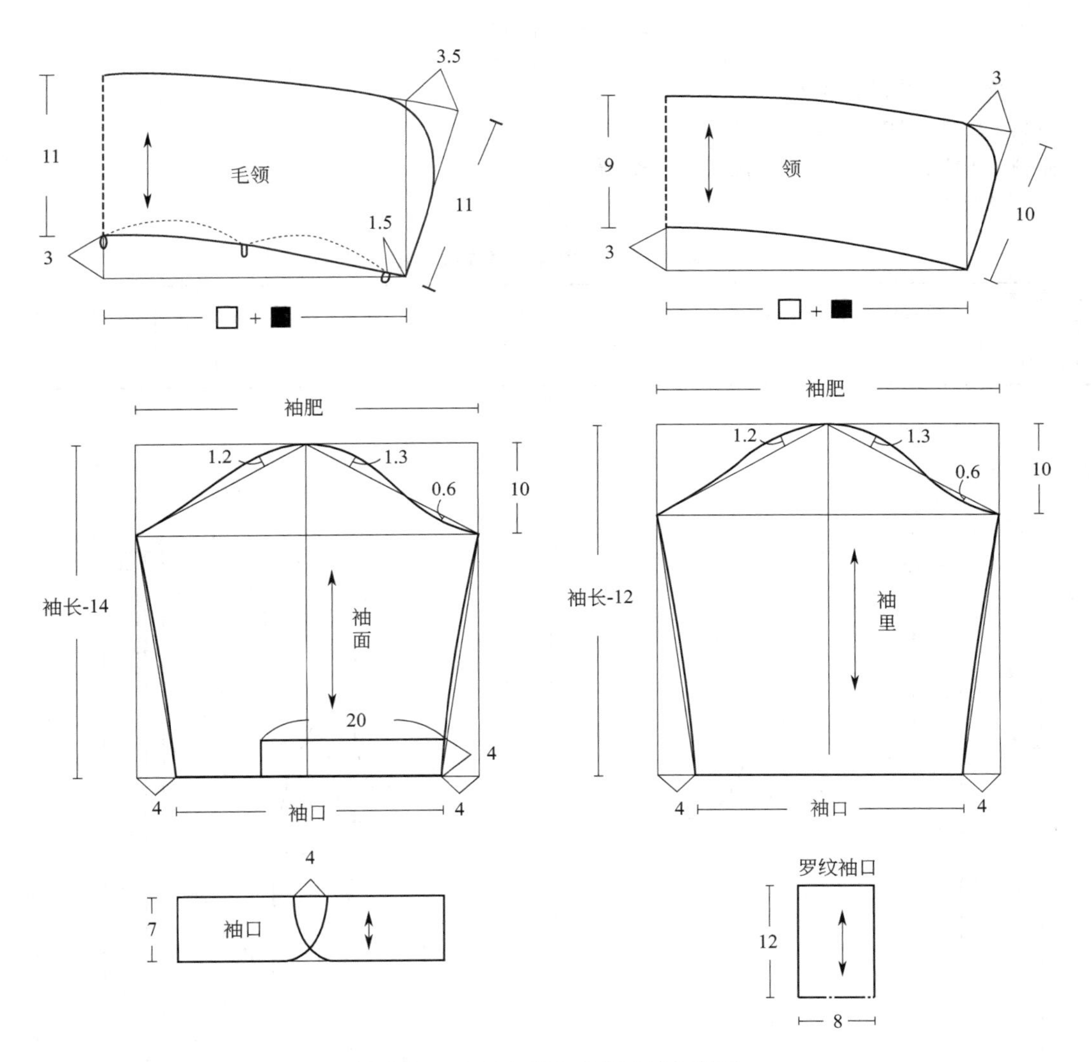

图 5-30　中童夹棉大衣领子结构制图

71. 大童羽绒服

（1）款式说明

本款羽绒服采用两种色彩面料拼接设计而成，面料舒适，手感柔软，采用独特下摆设计，美观时尚。

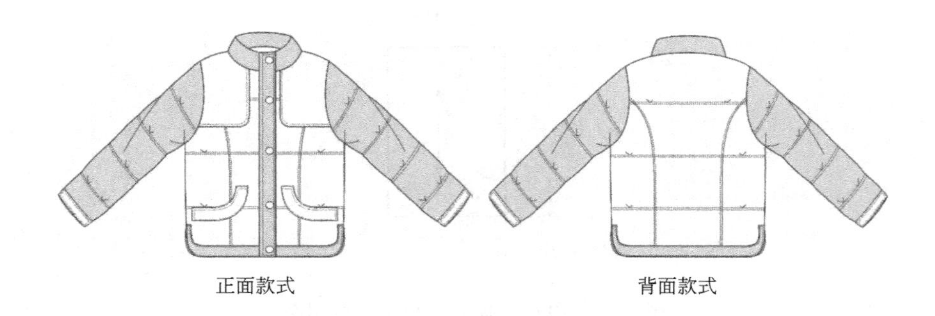

图 5-31 大童羽绒服款式图

（2）面料、里料、辅料

面料/里料：100％聚酯纤维。

辅料：白鸭绒、尼龙开尾拉链、塑料按扣。

（3）成衣规格

表 5-12 大童羽绒服成衣规格

部位 规格	后衣长	肩宽	胸围	下摆围	袖长	袖口	适合年龄
160/84	50	39	96	96	53	28	14～15 岁

（4）结构制图

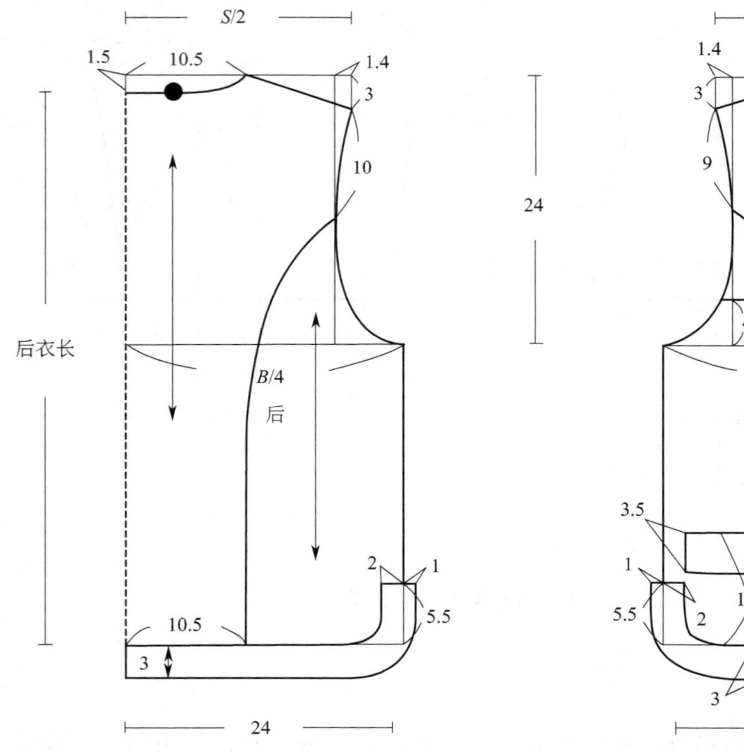

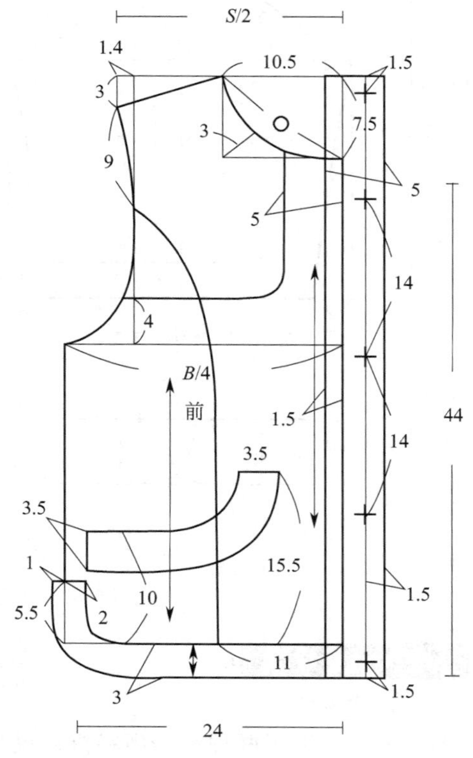

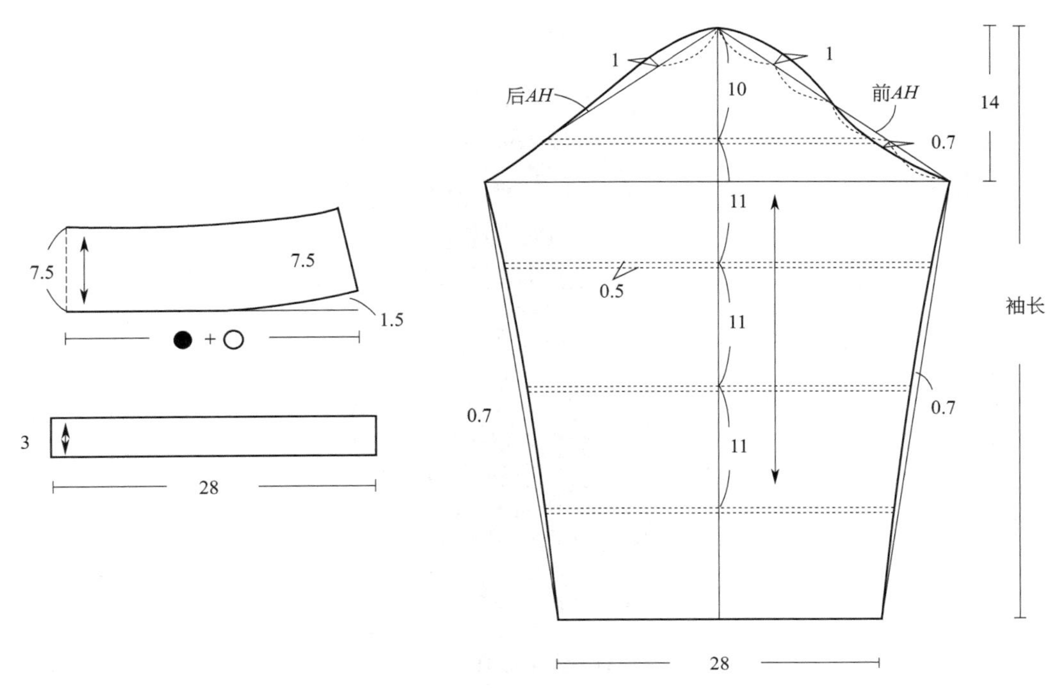

图 5-32　大童羽绒服结构制图

（5）细节工艺

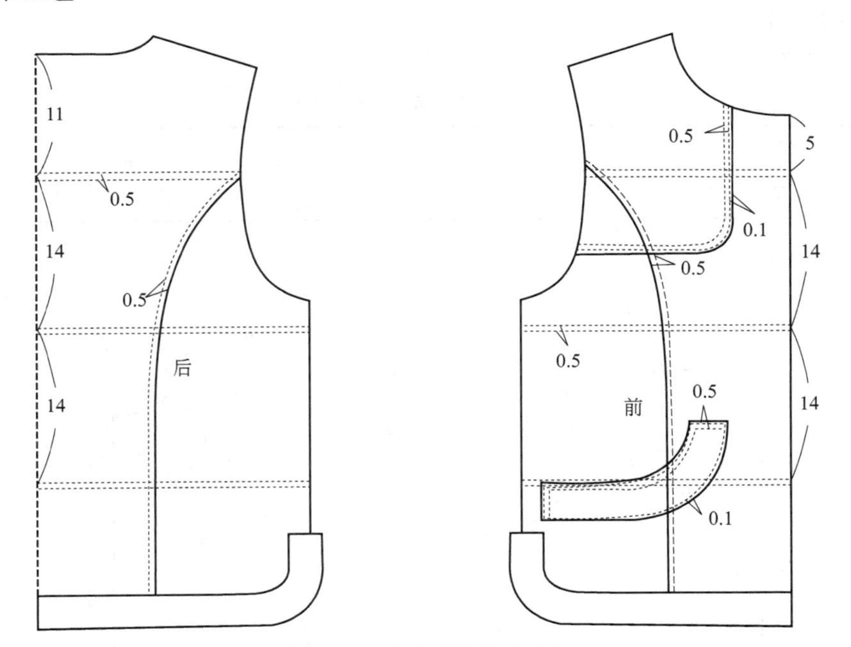

图 5-33　大童羽绒服细节图

72. 大童棉服

（1）款式说明

本款棉服前后衣身在胸部、背部有横向分割设计，衣身下摆采用双层面料设计，里层为化纤面料，外层为网眼纱面料，款式时尚。

图 5-34 大童棉服款式图

（2）面料、辅料

面料：化纤、网眼纱。

辅料：塑料拉链。

（3）成衣规格

表 5-13 大童棉服成衣规格

部位 规格	后衣长	肩宽	胸围	摆围	袖长	适合年龄
130/64	52	32	84	104	54	8 岁

（4）结构制图

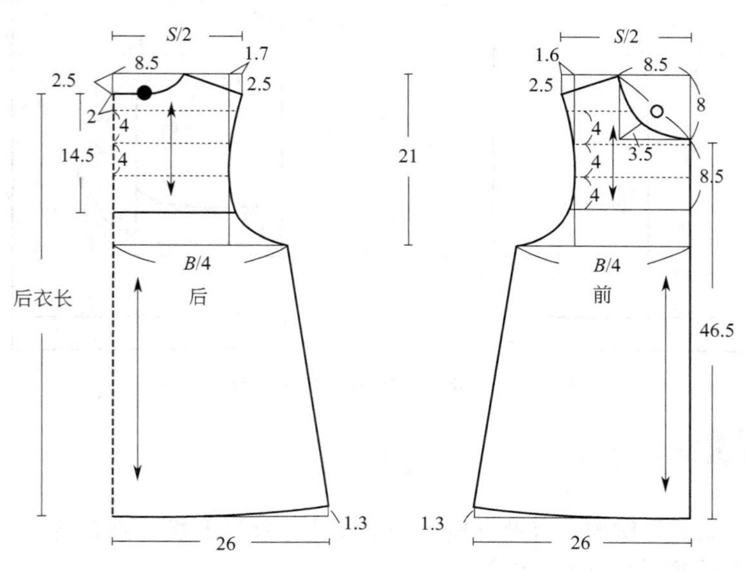

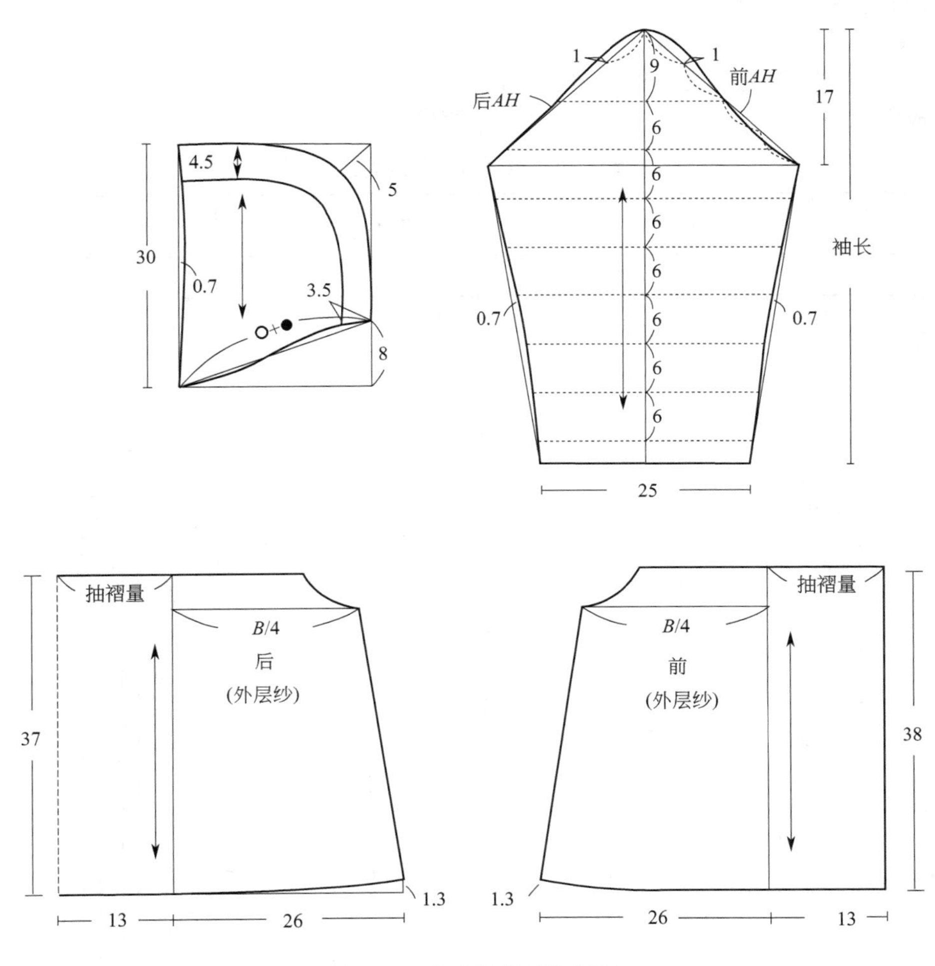

图 5-35　大童棉服结构制图

73. 小童羽绒服

(1) 款式说明

本款羽绒服采用长款设计，舒适保暖，前袋采用明贴袋设计，美观时尚。

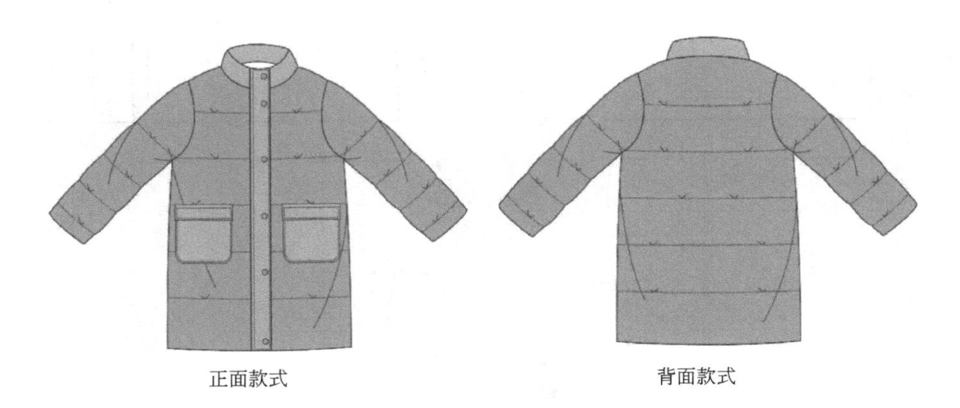

图 5-36　小童羽绒服款式图

（2）面料、里料、辅料

面料/里料：100%聚酯纤维。

辅料：白鸭绒、尼龙开尾拉链、塑料按扣。

（3）成衣规格

表 5-14　小童羽绒服成衣规格

规格＼部位	后衣长	肩宽	胸围	下摆围	袖长	袖口	适合年龄
130/64	70	36	88	96	49	25	8 岁

（4）结构制图

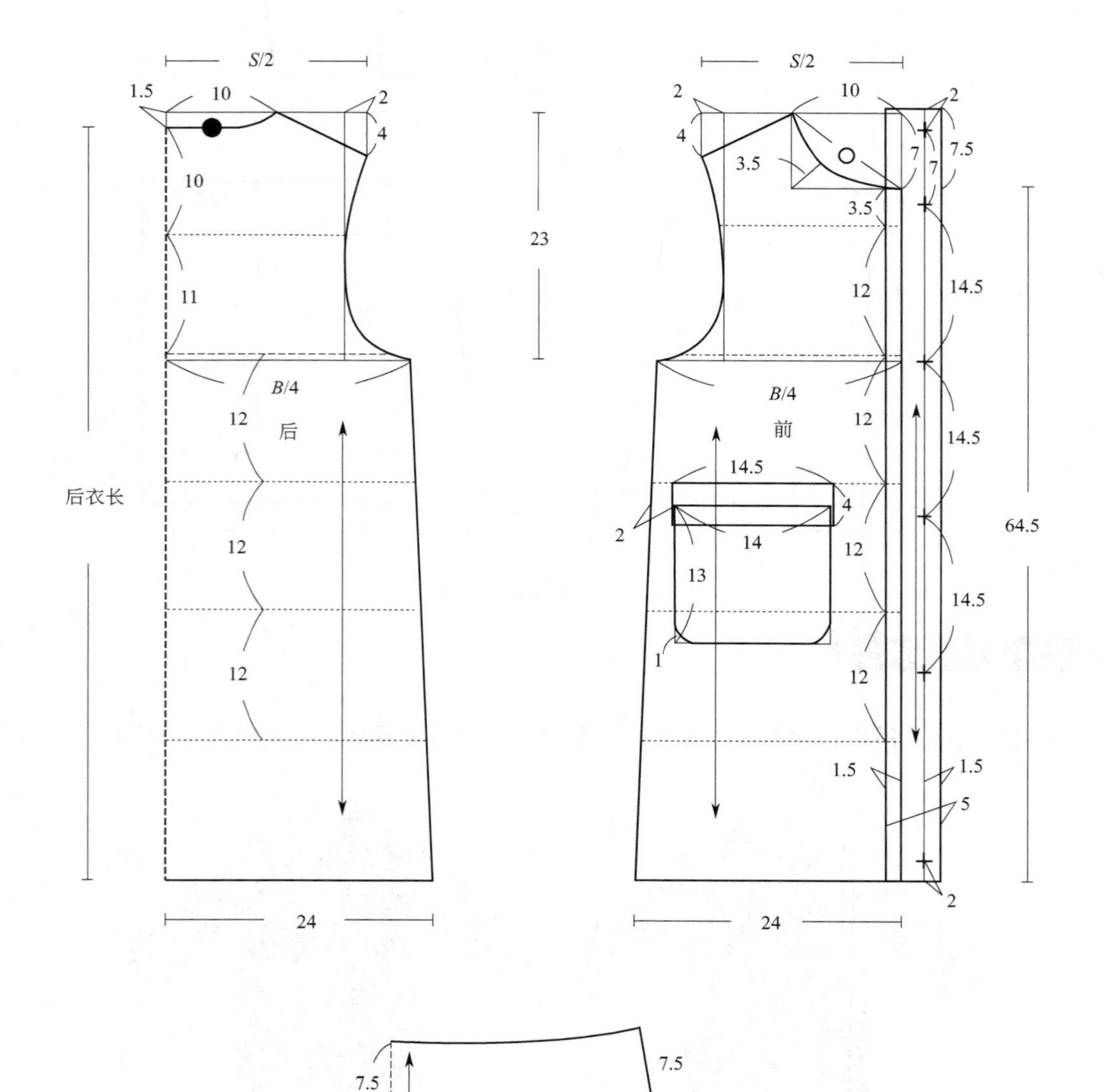

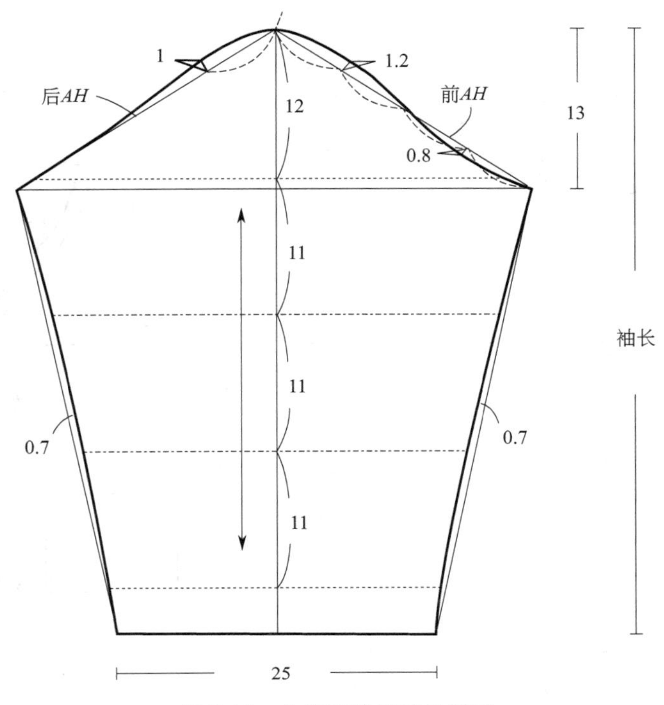

图 5-37 小童羽绒服结构制图

74. 幼童针织开衫

（1）款式说明

本款开衫为基本款，采用针织面料，适合春秋穿着。

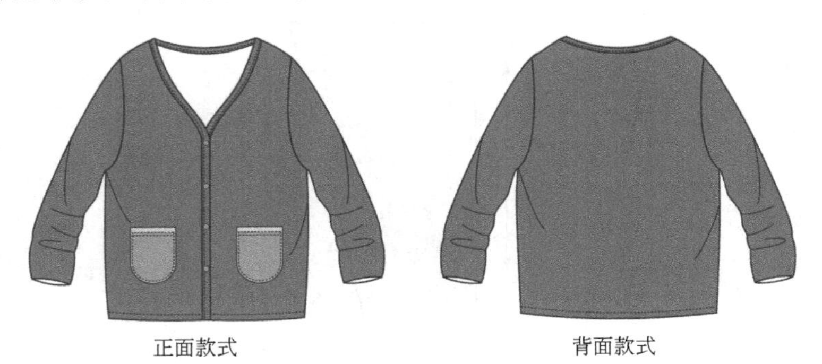

图 5-38 幼童针织开衫款式图

（2）面料、辅料

面料：全棉针织面料。

辅料：塑料纽扣。

（3）成衣规格

表 5-15 幼童针织开衫成衣规格

部位 规格	后衣长	肩宽	胸围	袖长	摆围	适合年龄
100/52	37	23	58	34	58	3～4 岁

（4）结构制图

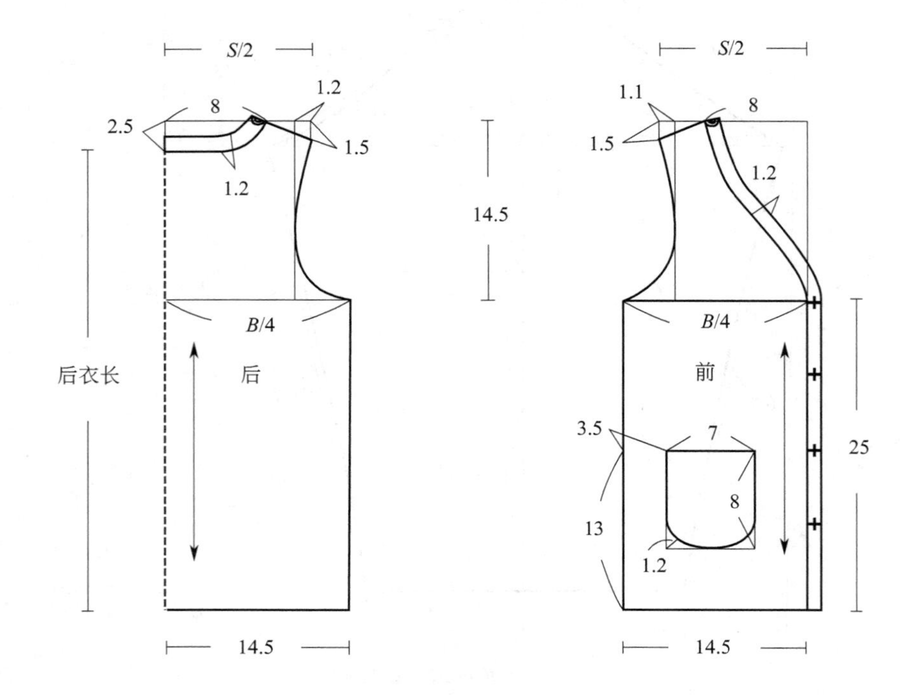

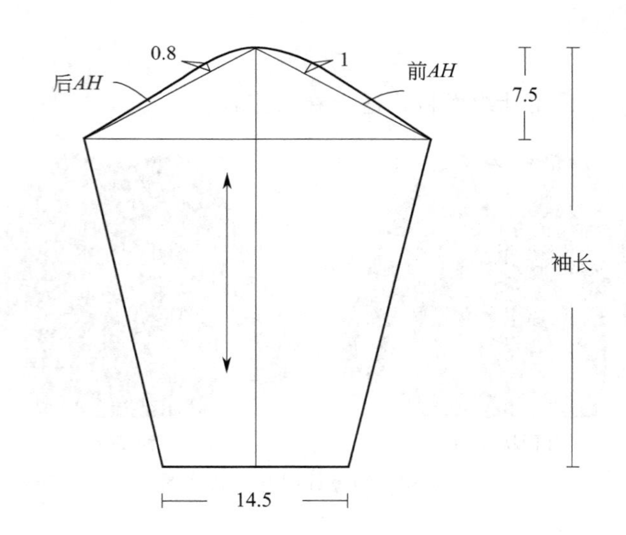

图 5-39　幼童针织开衫结构制图

75. 大童长袖上衣

（1）款式说明

本款长袖，适合身高 135～145cm 女童穿着，前胸有蝴蝶结装饰，适合搭配连衣裙。

（2）面料、辅料

面料：100％棉。

辅料：蝴蝶结。

图 5-40　大童长袖上衣款式图

（3）成衣规格

表 5-16　大童长袖上衣成衣规格

部位 规格	衣长	胸围	肩宽	袖长	袖口	适合年龄
140/64	31.5	91	38	48	27.5	9～10 岁

（4）结构制图

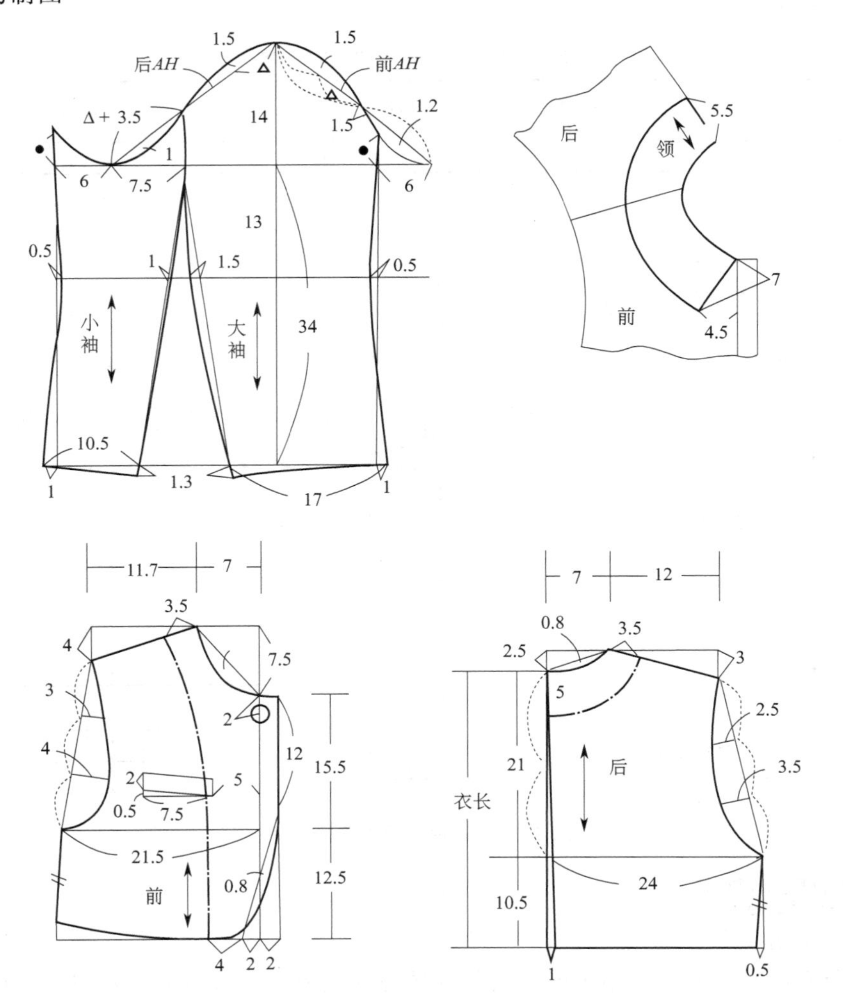

图 5-41　大童长袖上衣结构制图

76. 幼童棒球衣

（1）款式说明

棒球衣是女童休闲服饰的主要款式之一。本款棒球衣，适合身高75～85cm的女童穿着，宽松式，领口及下摆皆为横机结构，袖口处收紧为罗纹状。

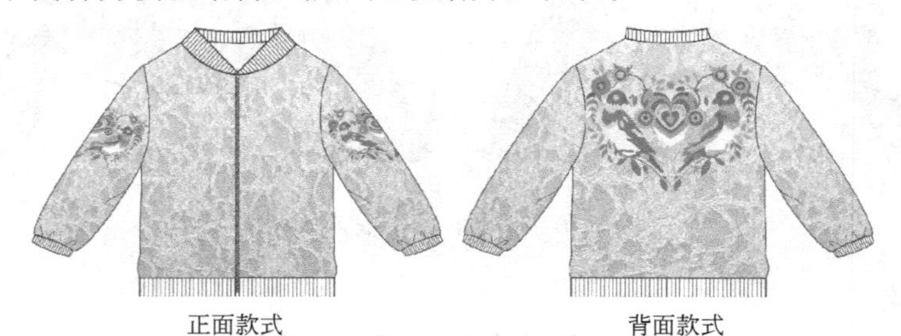

图5-42 幼童棒球衣款式图

（2）面料、辅料

面料：棉/聚酯纤维混纺面料。

辅料：针织罗纹，拉链。

（3）成衣规格

表5-17 幼童棒球衣成衣规格

部位 规格	后衣长	胸围	肩宽	袖长	袖口	适合年龄
80/40	26	68	27	25	15	1～2岁

（4）结构制图

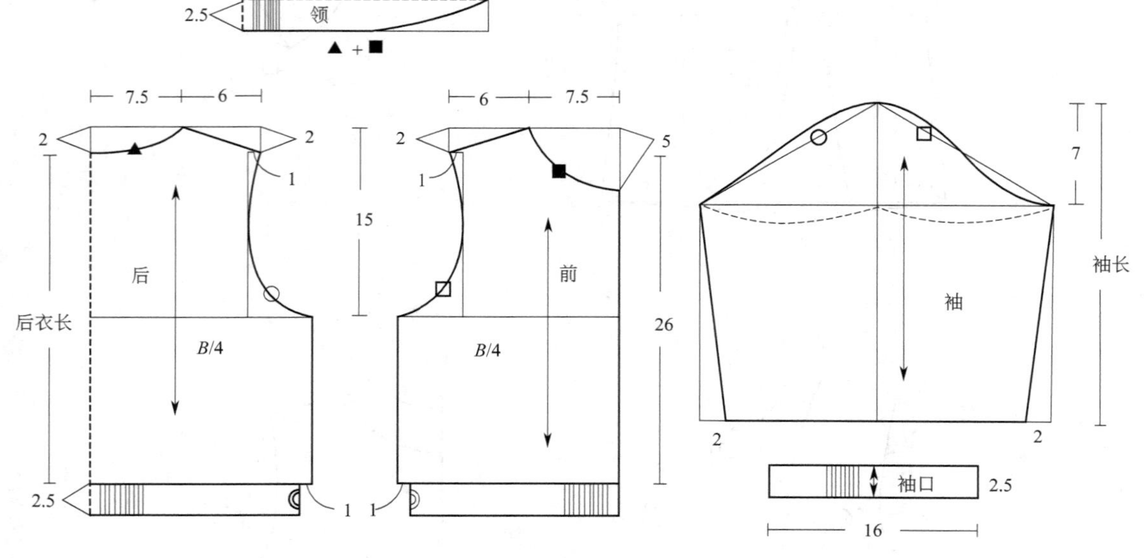

图5-43 幼童棒球衣结构制图

77. 小童连帽卫衣

（1）款式说明

本款为套头连帽卫衣，采用不同花色的优质纯棉面料，款式时尚，袖口、下摆采用针织罗纹面料。

图 5-44　小童连帽卫衣款式图

（2）面料、辅料

面料：100%棉 。

辅料：针织罗纹面料，塑料拉链。

（3）成衣规格

表 5-18　小童连帽卫衣成衣规格

部位 规格	后衣长	肩宽	胸围	袖长	适合年龄
120/60	38	32	70	38	6～7 岁

（4）结构制图

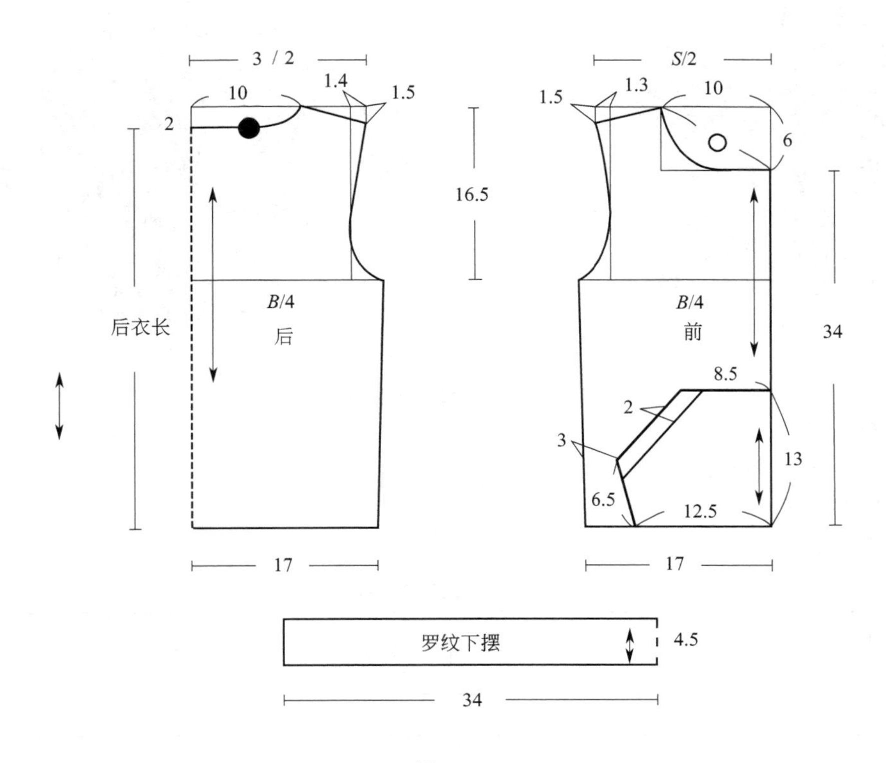

图 5-45

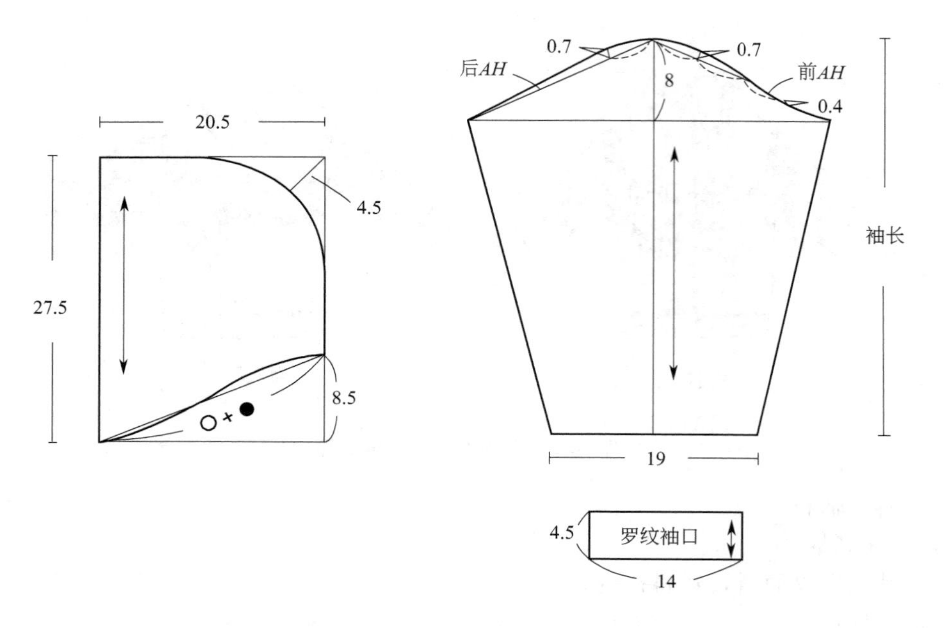

图 5-45 小童连帽卫衣结构制图

78. 小童卫衣

（1）款式说明

本款卫衣采用平领套头设计，款式时尚，袖口、领口与衣身采用不同色彩的面料设计。

正面款式

背面款式

图 5-46 小童卫衣款式图

（2）面料、辅料

面料：针织全棉面料。

辅料：塑料纽扣。

（3）成衣规格

表 5-19 小童卫衣成衣规格

部位 规格	后衣长	肩宽	胸围	袖长	适合年龄
120/60	49	31	74	36.5	6～7岁

（4）结构制图

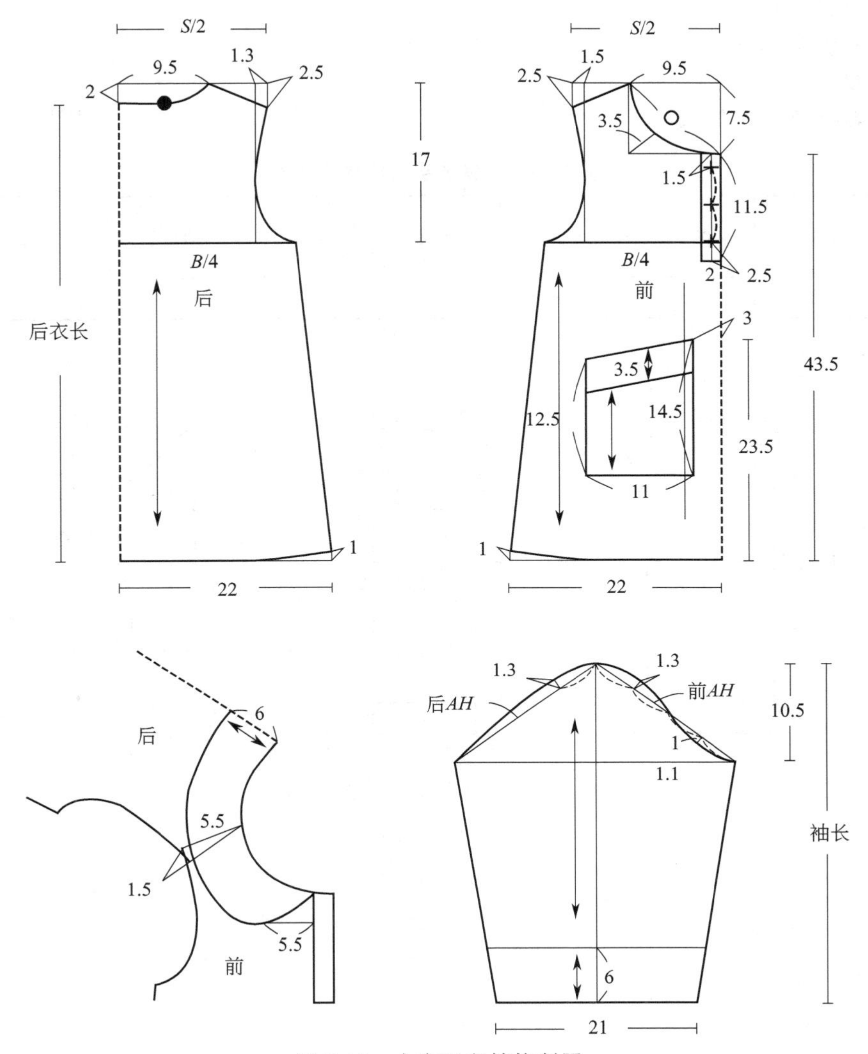

图 5-47　小童卫衣结构制图

79. 中童套头卫衣

（1）款式说明

卫衣是女童服饰的主要款式之一。本款卫衣，适合身高 115～125cm 的女童穿着，圆领，宽松，正面有图案印花。

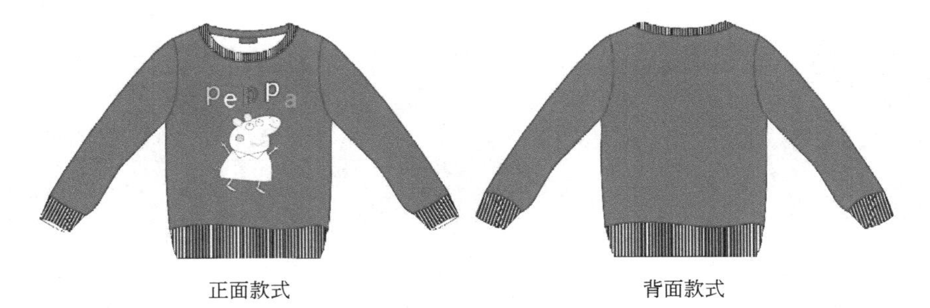

图 5-48　中童套头卫衣款式图

（2）面料、辅料

面料：针织全棉面料。

辅料：罗纹。

（3）成衣规格

表 5-20 中童套头卫衣成衣规格

规格＼部位	后衣长	胸围	摆围	肩宽	袖长	袖口	适合年龄
120/56	31	60	48	27	27	14	6～7岁

（4）结构制图

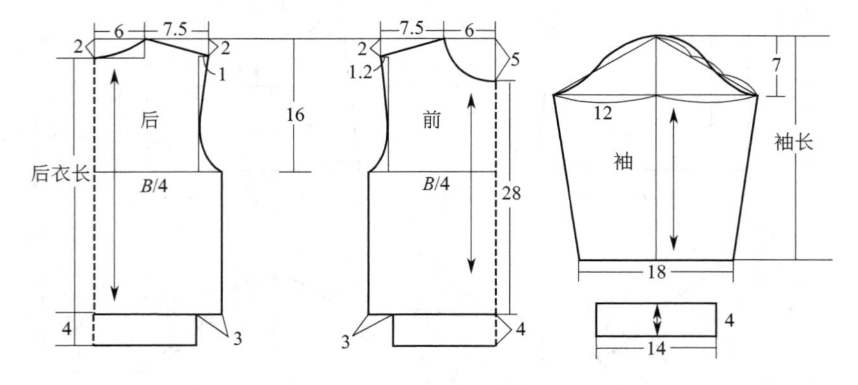

图 5-49 中童套头卫衣结构制图

其他款式结构制图

80. 小童毛绒马甲

（1）款式说明

马甲是小童的常见款式，便于穿脱和活动，适合因冷暖而增减衣物。

正面款式

背面款式

图 6-1　小童毛绒马甲款式图

（2）面料、辅料

面料：针织羊羔绒。

辅料：皮革滚边布，四眼塑料纽扣。

（3）成衣规格

表 6-1 小童毛绒马甲成衣规格

规格 \ 部位	胸围	肩宽	后衣长	前衣长	口袋宽	口袋深	适合年龄
90/52	64	23	34	47	8	8	1～2岁

（4）结构制图

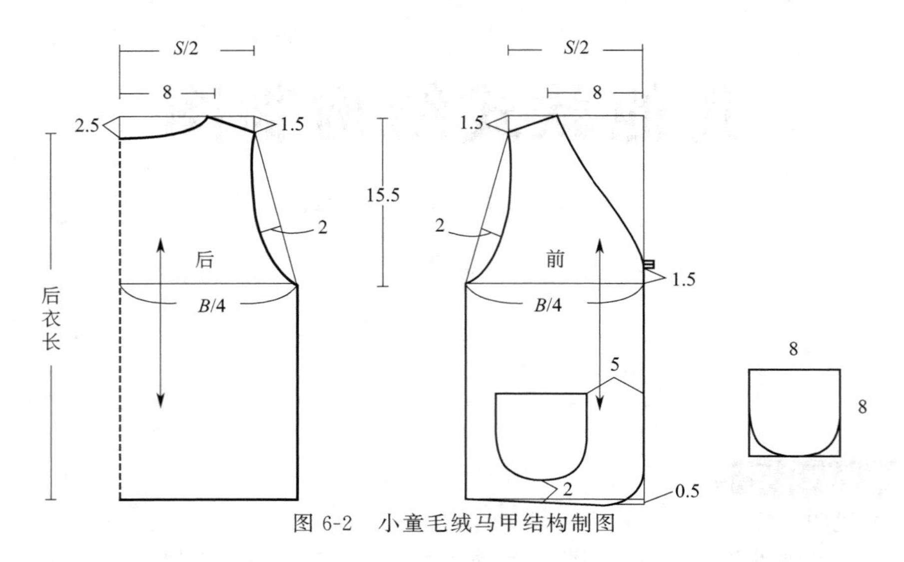

图 6-2 小童毛绒马甲结构制图

（5）细节工艺

贴袋采用夹嵌线形式，如图 6-3。

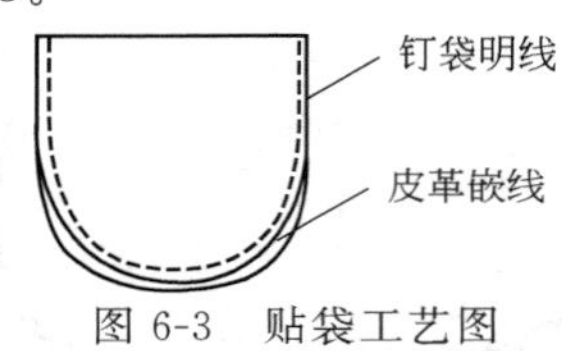

图 6-3 贴袋工艺图

81. 小童棉马甲

（1）款式说明

本款棉马甲衣身采用横向分割，下部采用碎褶，形成蓬松造型。由于蓬松造型的缘故，衣身制图时，衣长应加放蓬松量。

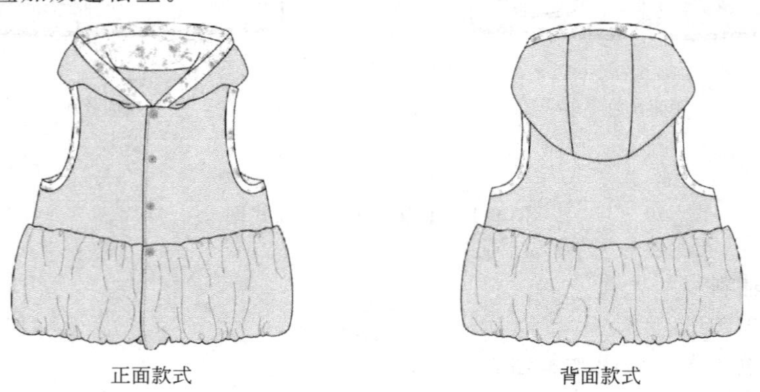

图 6-4 小童棉马甲款式图

（2）面料、里料、辅料

面料：素色绒布、全棉碎花布。

里料：全棉针织汗布。

辅料：塑料纽扣。

（3）成衣规格

表 6-2　小童棉马甲成衣规格

规格＼部位	胸围	摆围	肩宽	后衣长	年龄
80/48	66	76	22	34	1 岁

（4）结构制图

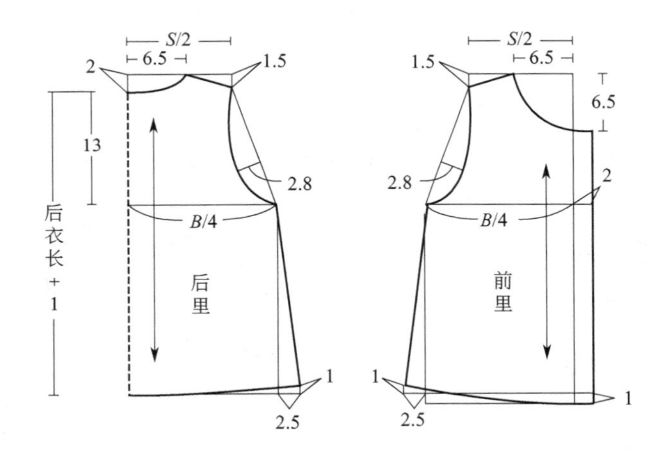

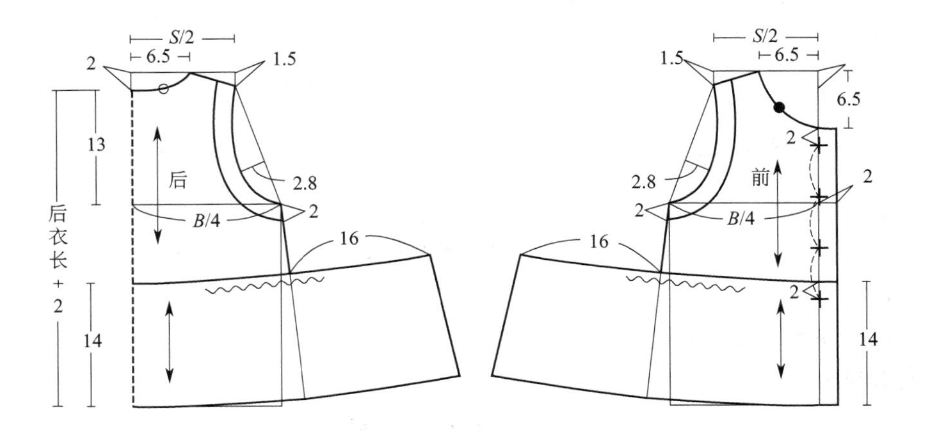

图 6-5　小童棉马甲衣身结构制图

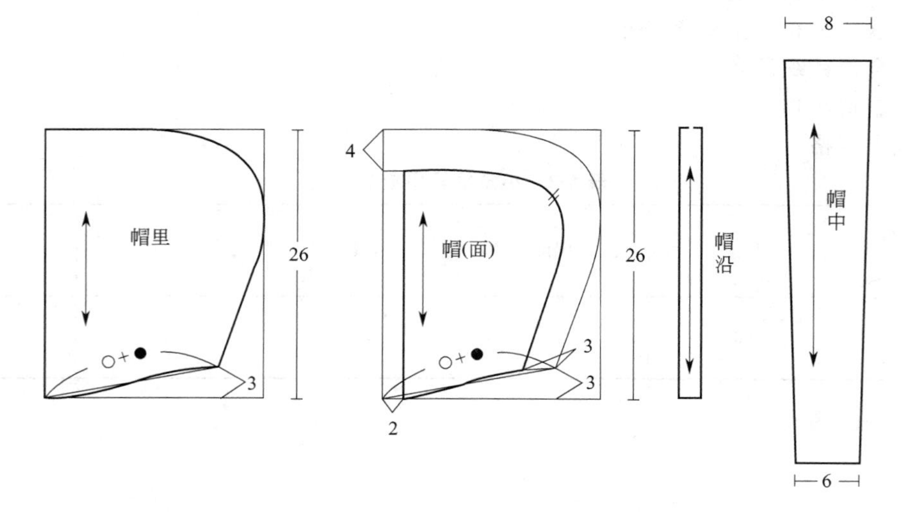

图 6-6　小童棉马甲帽子结构制图

82. 小童背心

(1) 款式说明

本款针织背心内穿、外穿都可，领口、袖窿采用针织罗纹布。

正面款式

背面款式

图 6-7　小童背心款式图

(2) 面料

面料：针织汗布，针织罗纹布。

(3) 成衣规格

表 6-3　小童背心成衣规格

部位 规格	后衣长	胸围	摆围	适合年龄
120/60	42.5	66	70	6～7 岁

（4）结构制图

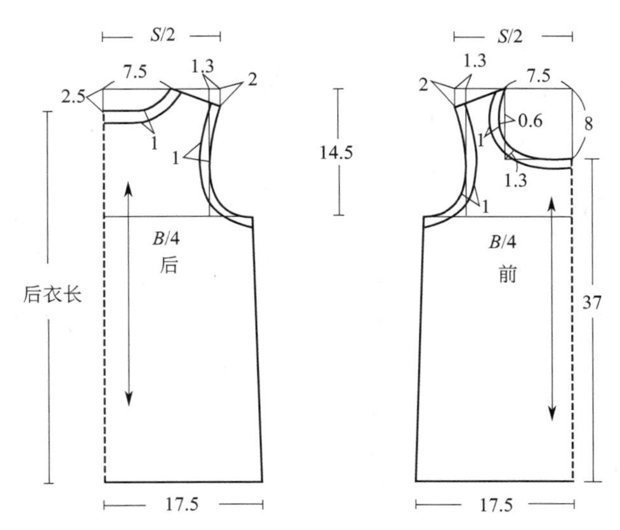

图 6-8　小童背心结构制图

83. 小童短背心

（1）款式说明

背心是女童休闲服饰的主要款式之一。本款背心，适合身高 95～105cm 的女童夏季穿着，正反面均有图案印花。

图 6-9　小童短背心款式图

（2）面料、辅料

面料：全棉针织面料。

辅料：无。

（3）成衣规格

表 6-4　小童短背心成衣规格

部位 规格	后衣长	胸围	摆围	肩宽	适合年龄
100/48	30	54	58	21	3～4 岁

（4）结构制图

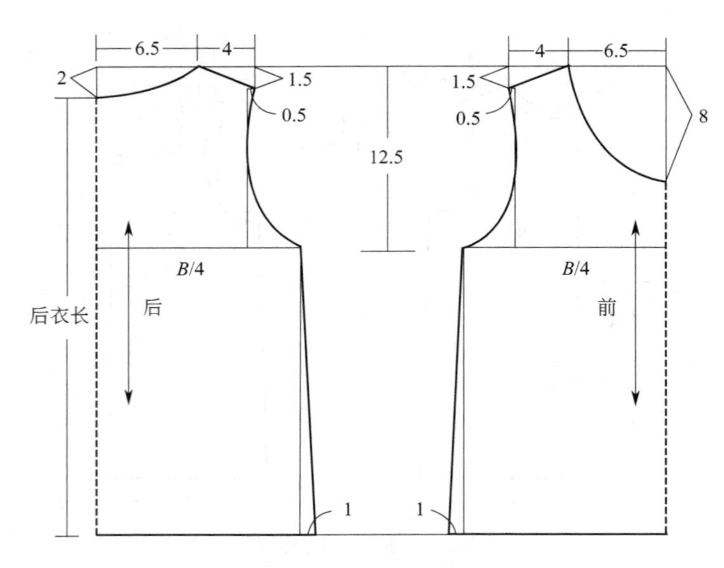

图 6-10 小童短背心结构制图

84. 幼童棉背心

（1）款式说明

棉背心是女童服饰的主要款式之一。本款棉背心，适合身高 75～85cm 的女童穿着，纽扣设计，正面有动物图案。

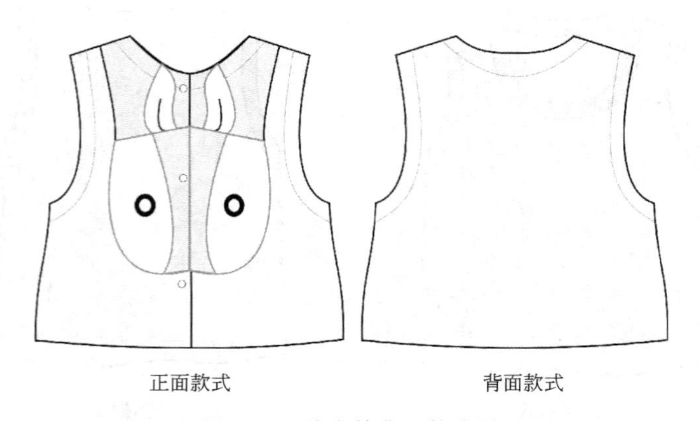

图 6-11 幼童棉背心款式图

（2）面料、辅料

面料：100％棉。

辅料：纽扣。

（3）成衣规格

表 6-5 幼童棉背心成衣规格

部位 规格	衣长	胸围	摆围	肩宽	适合年龄
80/40	30	60	66	24	1～2 岁

（4）结构制图

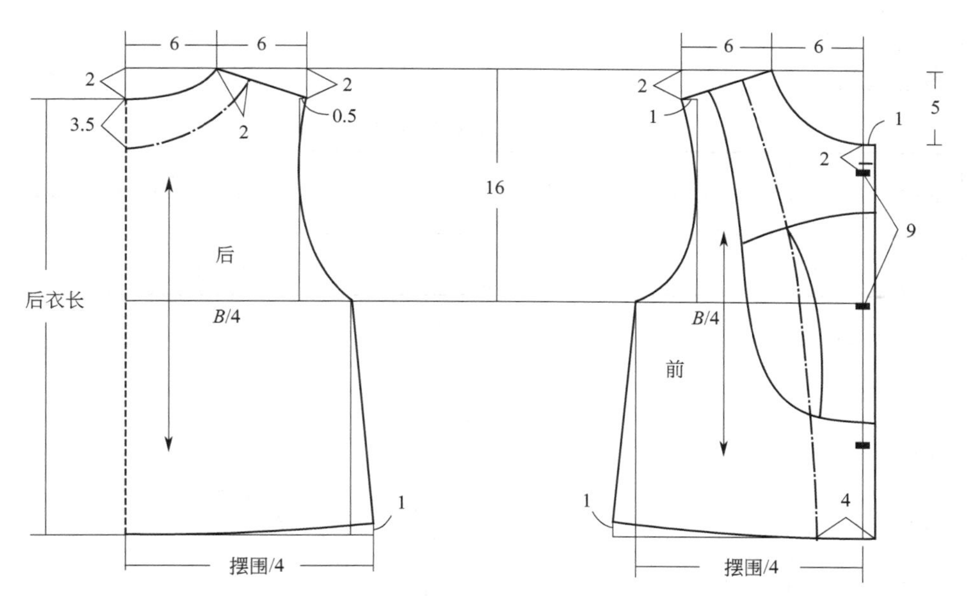

图 6-12　幼童棉背心结构制图

85. 小童蓝印花布旗袍

（1）款式说明

本款采用全棉蓝印花布，穿着舒适，具有江南水乡的特色。

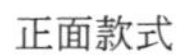

正面款式

背面款式

图 6-13　小童蓝印花布旗袍款式图

（2）面料、辅料

面料：全棉蓝印花布。

辅料：拉链、红色全棉滚条。

（3）成衣规格

表 6-6　小童蓝印花布旗袍成衣规格

部位 规格	后衣长	肩宽	胸围	腰围	臀围	摆围	袖长	袖肥	袖口	后领高	适合年龄
100/56	63	26	64	52	68	60	13	28	24	4.5	3～4 岁

（4）结构制图

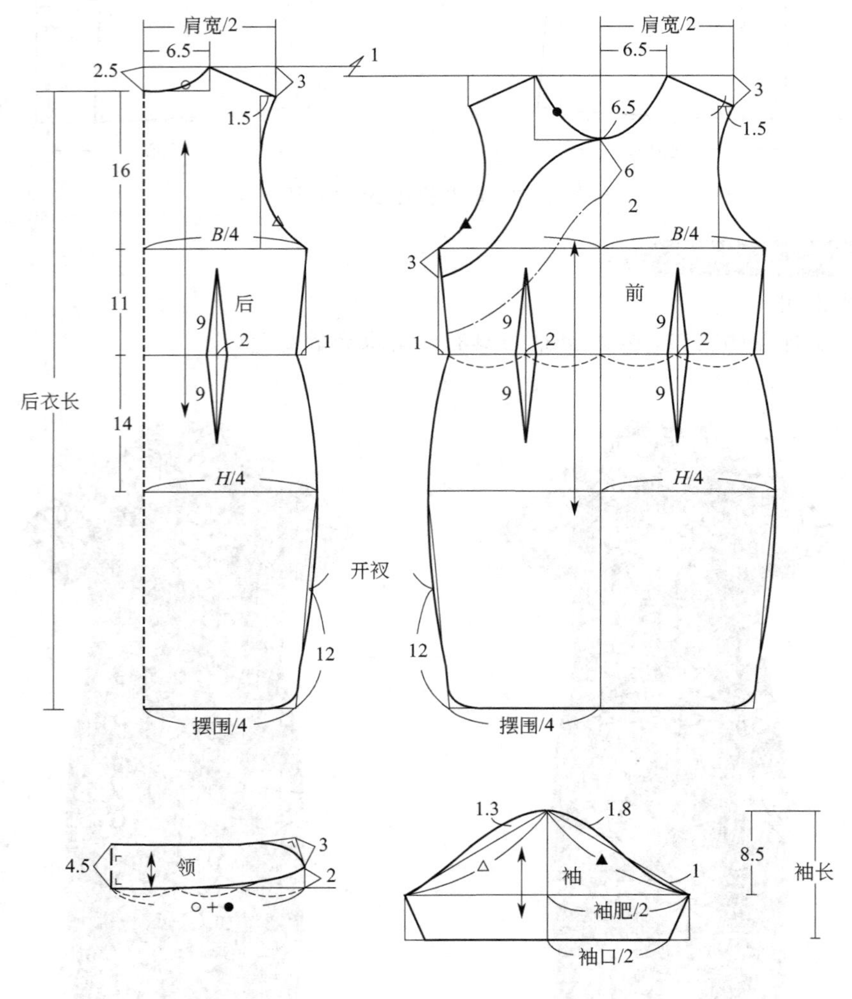

图 6-14　小童蓝印花布旗袍结构制图

86. 小童蕾丝旗袍

（1）款式说明

本款旗袍采用立领、短袖设计，前片采用不对称分割设计。下摆侧缝处有开衩设计。

图 6-15　小童蕾丝旗袍款式图

（2）面料、辅料

面料：100%棉，蕾丝。

辅料：隐形拉链。

（3）成衣规格

表 6-7　小童蕾丝旗袍成衣规格

规格＼部位	后衣长	胸围	裙摆围	适合年龄
110/56	57.5	64	82	4～5 岁

（4）结构制图

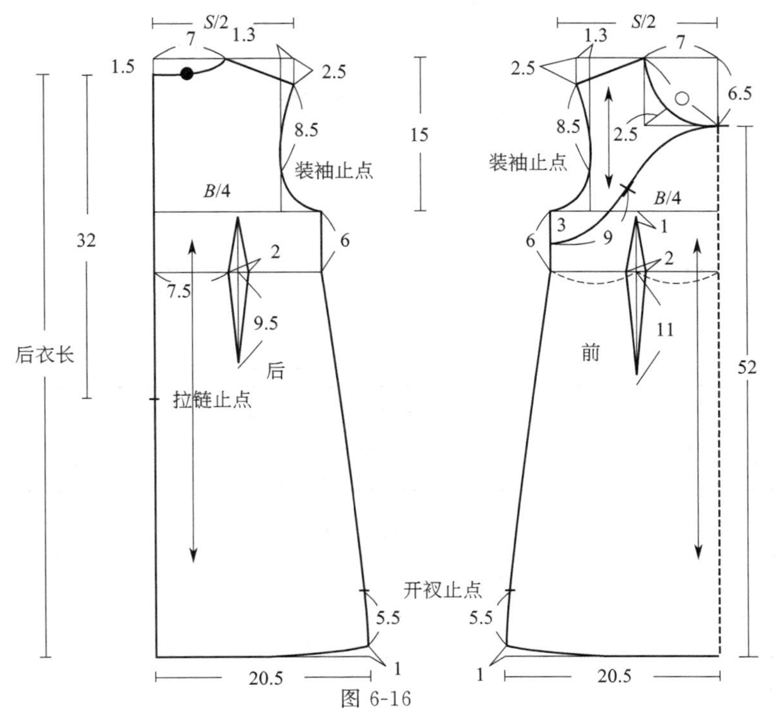

图 6-16

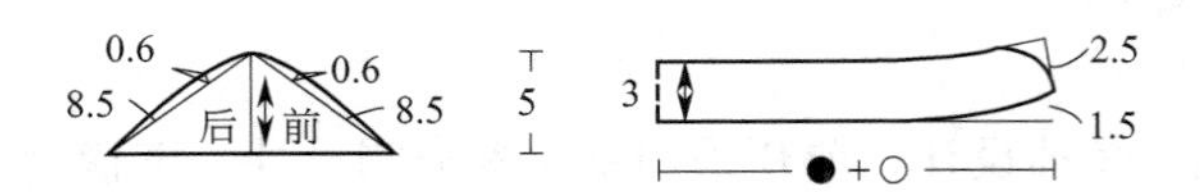

图 6-16 小童蕾丝旗袍结构制图

87. 棉睡衣套装

(1) 款式说明

本款为冬季夹棉睡衣，适合宝宝家居穿着，柔软保暖。前身采用侧开襟，肩、袖笼、侧缝处扣扣，方便穿脱。

图 6-17 棉睡衣套装款式图

(2) 面料、里料、辅料

面料：珊瑚绒。

里料：夹棉针织布。

辅料：花边、罗纹、塑料子母扣。

(3) 成衣规格

表 6-8 棉睡衣上衣成衣规格

部位 规格	胸围	肩宽	后衣长	袖长	袖肥	袖口
66/48	52	20	28	24	22	18

表 6-9 棉睡衣裤子成衣规格

部位 规格	腰围	臀围	裤长	裤口	立档
66/47	36/52	56	38	22	18

(4) 结构制图

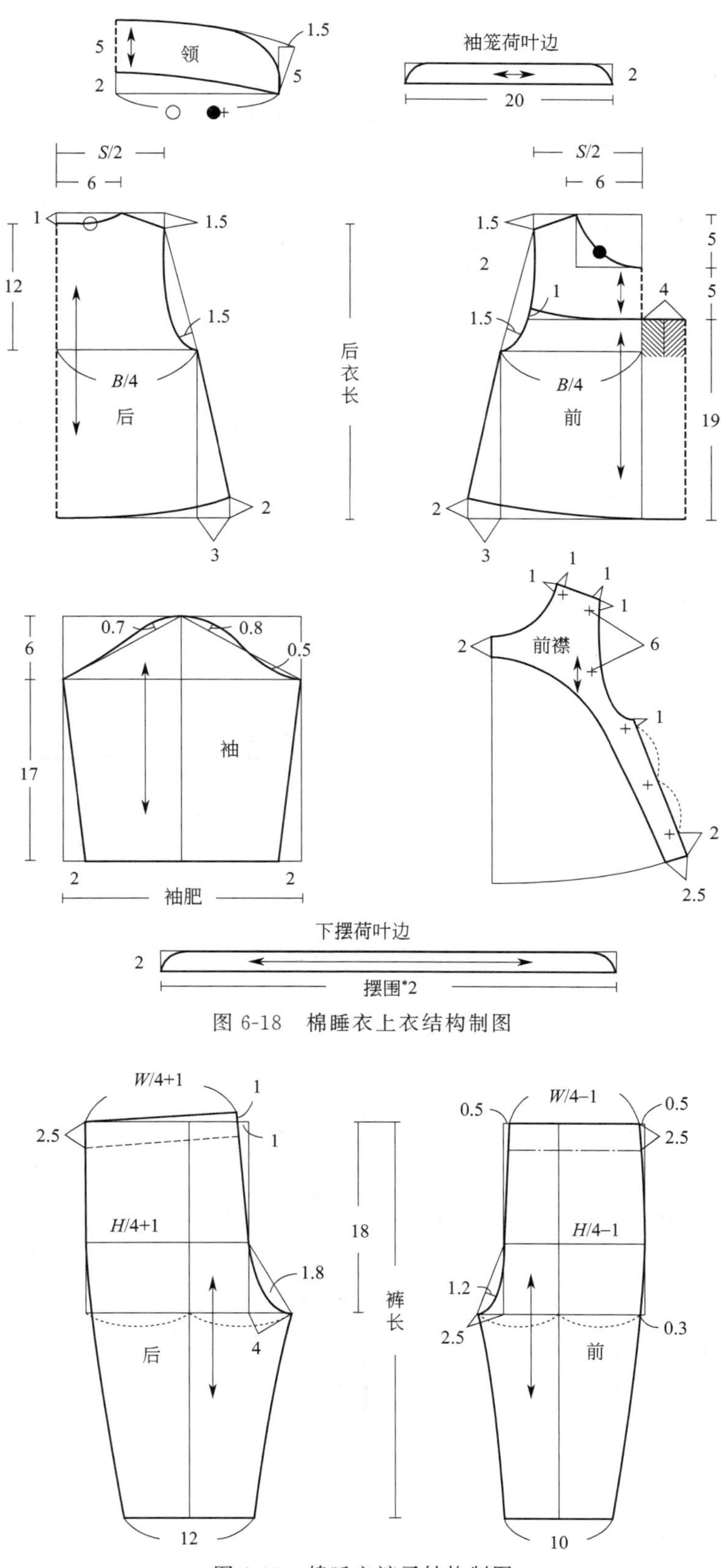

图 6-18　棉睡衣上衣结构制图

图 6-19　棉睡衣裤子结构制图

88. 中式上衣

(1) 款式说明

该款上衣采用中式立领，斜襟，一字扣设计。为保证儿童穿着舒适，立领应略宽松。

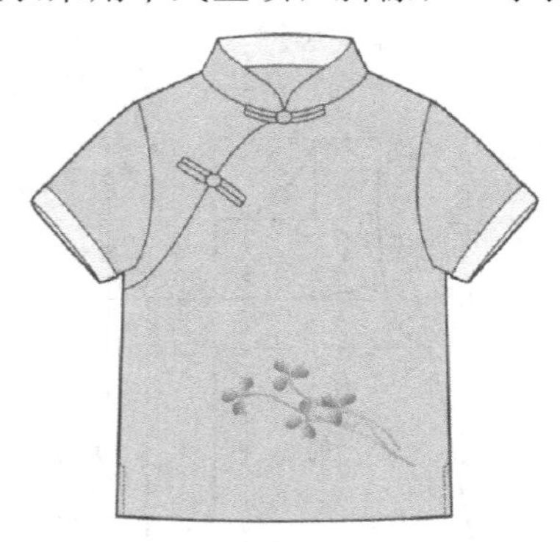

正面款式

背面款式

图 6-20 中式上衣款式图

(2) 面料、里料

面料：棉麻起绉面料。

里料：撞色棉麻起绉面料。

(3) 成衣规格

表 6-10 中式上衣成衣规格

规格＼部位	胸围	摆围	肩宽	后衣长	袖长	袖肥	袖口	适合身高
120/60	70	72	29	42	18	32	28	120

(4) 结构制图

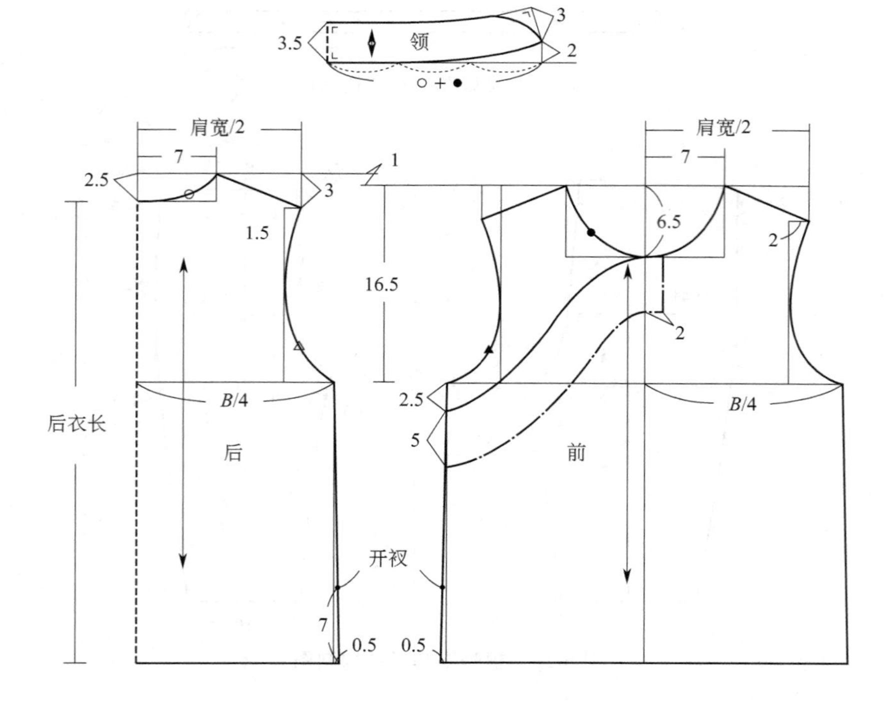

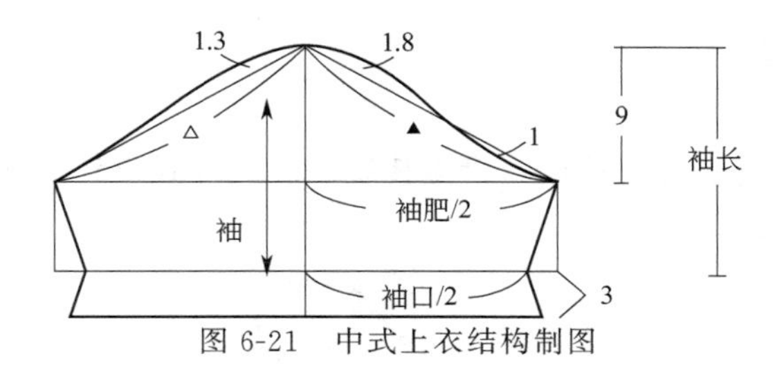

图 6-21　中式上衣结构制图

89. 婴儿围嘴

（1）款式说明

围嘴是婴儿时期的常用物品，防止孩子吃饭喝水时，弄脏衣服；也有的是在孩子长牙时穿戴，防止口水弄湿衣服。常用的围嘴有夹棉、毛巾或双层防水。本实例为夹棉绗缝形式。

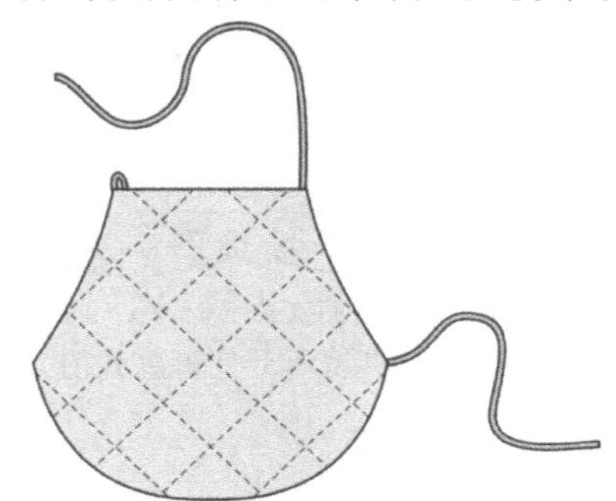

图 6-22　婴儿围嘴款式图

（2）面料、辅料

面料：全棉细平布。

辅料：薄太空棉。

（3）成衣规格

表 6-11　婴儿围嘴成衣规格

部位 / 规格	围嘴长	围嘴宽	年龄
—	22	22	0～1 岁

（4）结构制图

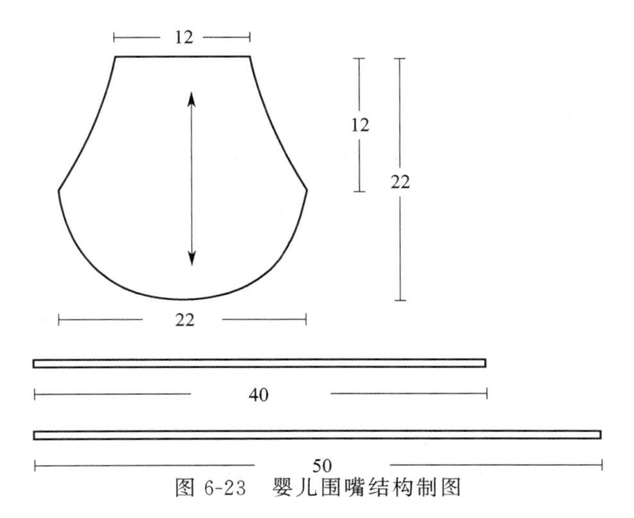

图 6-23　婴儿围嘴结构制图

90. 婴儿夏季肚兜裤

（1）款式说明

婴儿夏季易出汗，也易着凉。所以，借鉴传统的肚兜样式设计的肚兜裤既可以保暖，也非常凉爽。本款为男童、女童通用款式。

图 6-24　婴儿夏季肚兜裤款式图

（2）面料、辅料

面料：针织汗布。

辅料：松紧带、蝴蝶结。

（3）成衣规格

表 6-12　婴儿夏季肚兜裤成衣规格

规格 \ 部位	肚兜宽	肚兜长	年龄
80/48	28	32	2～12个月

（4）结构制图

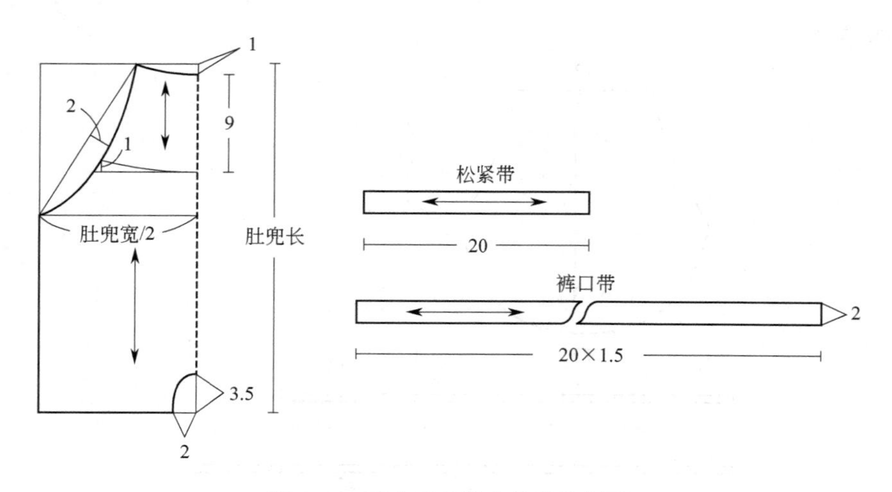

图 6-25　婴儿夏季肚兜裤结构制图

参考文献

[1] 日本文化服装学院．日本文化服装讲座——童装篇［M］．香港：东亚出版公司．

[2] 思维，冬人．新颖童装 240 款［M］．北京：中国旅游出版社，1994.